致富一招鲜系列

种特优葡萄赚钱方略

主　编　汪倩倩

编写人员　夏祖印　胡兆云　汪倩倩　常　丽

　　　　　陈忠民　周　钊　连　阔　徐　淼

　　　　　杨　波　刘兴武　程宇航　邱立功

　　　　　黄　芸　余　莉　杨光明

时代出版传媒股份有限公司

安徽科学技术出版社

图书在版编目（CIP）数据

种特优葡萄赚钱方略 / 汪倩倩主编.--合肥:安徽科学技术出版社,2018.2
（致富一招鲜系列）
ISBN 978-7-5337-7437-0

Ⅰ.①种… Ⅱ.①汪… Ⅲ.①葡萄栽培-经营管理
Ⅳ.①S663.1

中国版本图书馆 CIP 数据核字（2018）第 000857 号

种特优葡萄赚钱方略　　　　　　　　　　　　　主编　汪倩倩

出 版 人：丁凌云　　　　选题策划：刘三珊　　　　责任编辑：王爱菊
责任印制：廖小青　　　　封面设计：王天然
出版发行：时代出版传媒股份有限公司　http://www.press-mart.com
　　　　　安徽科学技术出版社　　　　　http://www.ahstp.net
　　　　　（合肥市政务文化新区翡翠路 1118 号出版传媒广场,邮编:230071）
　　　　　电话：(0551)63533330
印　　制：合肥创新印务有限公司　　　　电话:(0551)64321190
（如发现印装质量问题,影响阅读,请与印刷厂商联系调换）

开本：710×1010　1/16　　　印张：14　　　字数：242 千
版次：2018 年 2 月第 1 版　　2018 年 2 月第 1 次印刷

ISBN 978-7-5337-7437-0　　　　　　　　　　　　定价：31.50 元

前　言

　　葡萄是世界最古老的植物之一，其果实汁多味美，深受人们喜爱。葡萄营养丰富，富含各种维生素、多种酶和人体所需的氨基酸等，可制成葡萄汁、葡萄干和葡萄酒。近年来，随着我国农业产业结构的调整、市场需求量的增长、城乡人民生活水平的提高，全国各地都把发展葡萄生产作为一项调整农村产业结构、帮助农民脱贫致富的重要举措，葡萄栽培面积和产量均呈逐年增加趋势，葡萄及其加工品的保健作用，日益受到重视，发展前景非常广阔。

　　为了能更好地推广优质葡萄生产项目，提高广大葡萄种植户技术水平，掌握种特优葡萄赚钱方略，增加经济效益，我们认真总结了多年的葡萄种植经验，收集了葡萄种植生产中的新成果和新技术，组织编写了这本《种特优葡萄赚钱方略》。

　　本书以图文结合的形式系统介绍了当前我国葡萄栽培的关键技术方法，包括葡萄品种的选择、建园及幼树管理、整形修剪、病虫害识别与防治等内容。并按照葡萄物候期进展的顺序，详细介绍了露地葡萄的周年生产管理技术，把葡萄的生长结果特性与相关的生产管理技术有机地融合在一起。本书在编写过程中，简化了烦琐的理论知识，着重强调了必备的、应用性强的基础理论知识，以方便广大农民朋友学习掌握。同时，书中还引入大量的图片，文字叙述力求简洁明了，旨在提高广大种植户的学习兴趣和学习效率。

　　本书在编写过程中，参考了大量的出版物和相关种植网站，在此一并表示最诚挚的谢意！

　　由于编者水平有限，书中难免存在缺点和不足，恳请广大读者批评指正。

编　者

目　　录

第一章 特优葡萄种植基础知识

第一节 葡萄主要品种介绍

目前，国内外新近培育的葡萄主要品种包括鲜食品种、加工品种和砧木品种等。葡萄种植地区在引进新品种时一定要谨慎，引进前需要先做以下几项工作：了解品种的亲本来源和特性、了解是否已有较大面积栽培成功的例子、了解目标市场的消费者接受与否、了解品种的优点和缺点，然后再根据品种特性选用相应的栽培模式。只有良种良法配套，才能取得更好的经济效益。

一、鲜食品种

葡萄鲜食品种主要包括早熟品种、中熟品种和晚熟品种。

(一)早熟品种

1.夏黑(图1-1)

欧美杂种，三倍体。张家港市神园葡萄科技有限公司从日本引进并命名，2003年率先在国内推广。

果穗多圆锥形，部分双歧肩圆锥形，无副穗。果穗大，平均穗重415克。自然粒重3~3.5克。夏黑经专用大果宝处理后，平均粒重8.5克，平均穗重650克，大穗重可超过1 500克。果粒着生紧密或极紧密，果穗大小整齐。果粒近圆形，紫黑色到蓝黑色，颜色浓厚，在夜温高的南方也容易着色，着色一致、成熟一致。果皮厚而脆，无涩味，

图1-1 夏黑

果粉厚。果肉硬脆，可切片，无肉囊。果汁紫红色，味浓甜，有浓郁草莓香味。自然受精条件下有部分瘪籽，坐果不良，需在盛花期用赤霉素处理。可溶性固形物合含量为20%~22%，鲜食品质上等。

夏黑品种树势强健，抗病力较强。应注意防治炭疽病、霜霉病，注意控制好树势，降低氮肥使用量。夏黑品种是一个综合性能优异的早熟、优质三位体无核品种，目前在全国发展趋势很旺。在江苏苏南地区一般7月上中旬开始成熟。

2.黑皮特（图1-2）

欧美杂种，四倍体。

果粒短椭圆形，粒重14~18克，大粒可达20克以上。果皮厚，上色好，果粉多，易去皮，去皮后果

图1-2 黑皮特

肉、果芯留下红色素多。肉质硬爽、多汁，可溶性固形物含量为16%~17%，鲜食品质一般。黑皮特品种抗病力较强，丰产易种，比巨峰早熟20多天。

3.夏至红（图1-3）

欧亚种，二倍体。中国农业科学院郑州果树研究所培育。

果穗圆锥形，无副穗，果穗大，平均穗重750克，大穗重可在1 300克以下。果粒着生紧密，大小整齐，椭圆形，平均粒重8克，大粒重12克。果实成熟时紫红色至紫黑色，着色一致，成熟一致，果粉多。果梗短，抗拉力强，不脱粒，不裂果。果皮中等厚，无涩味。每果粒有种子1~4粒。果肉绿色，肉质脆，硬度中，略有玫瑰香味，风味清甜，品质上等，可溶性固形物含量为16%~17%。在江苏苏南地区7月中旬开始成熟。

图1-3 夏至红

4.京香玉(图1-4)

欧亚种,二倍体。中国科学院植物研究所北京植物园培育。

果穗圆锥形,平均穗重463.2克,大穗重可达1 000克。果粒着生中等紧密,椭圆形,黄绿色,平均粒重8.2克,大粒重13克。果皮中等厚,肉脆,酸甜适口,有玫瑰香味,品质上等。每果粒有种子1~3粒。可溶性固形物含量为14.5%~15.8%,延迟2周采收糖分继续升高,可溶性固形物含量可达17.8%。在江苏苏南地区7月中旬开始成熟。

5.早黑宝(图1-5)

欧亚种,四倍体。山西省农业科学院果树研究所培育。

图1-4 京香玉

果穗圆锥形带歧肩。穗大,平均穗重426克,大穗重930克。果粒短椭圆形,平均粒重7.8克,大粒重10克。不裂果,果肉厚,紫黑色,果皮较厚、韧,耐贮运,适宜长途运输。肉质较软,味甜,有浓郁玫瑰香味,可溶性固形物含量为15.8%,品质上等。每果粒有种子1~3粒。综合性状优良,是早熟葡萄中的佼佼者。在江苏苏南地区7月中旬开始成熟。

6.维多利亚(图1-6)

欧亚种,二倍体。原产罗马尼亚。

果穗大,穗重450~700克。果粒大,长椭圆形,粒重9~10克,疏粒后

图1-5 早黑宝

11~13 克。果皮绿黄色，有纵向条纹。果肉硬脆，可溶性固形物含量为 14.5%~16%，口感清淡爽口，品质优。果粒着生极牢固，不脱粒，耐贮运。树势中等，结实力强，极丰产，抗病力较强，栽培管理简易。在江苏苏南地区 7 月中旬开始成熟。

7.红巴拉多（图1-7）

欧亚种，二倍体。原产日本。

果穗大，平均穗重 800 克，大穗重 2 000 克。果粒大小均匀，着生中等紧密，果粒椭圆形，平均粒重 12 克。果皮鲜红色，皮薄。肉脆，含可溶性形物 18% 以上，最高可达 23%，品质优异。早果性、丰产性、抗病性均好。在江苏苏南地区 7 月上中旬开始成熟。

图1-6　维多利亚

8.黑马拉多

欧美杂种，二倍体。

果皮黑色，果粒椭圆形，平均粒重约 8 克，大粒重 10 克，香气独特，可溶性固形物 18% 以上，风味浓厚，鲜食品质优。始花期及花后 2 周用赤霉素处理可以进行无核化栽培。早果性、丰产性好，可以连皮食用，果品深受消费者的欢迎。在江苏苏南地区 7 月上中旬开始成熟。

（二）中熟品种

1.巨峰（图1-8）

欧美杂种，四倍体。

果穗大，圆锥形，着粒紧凑，平均穗重 600 克，最大可达 1 750 克。

图1-7　红巴拉多

果粒近圆形,自然粒重12克,成熟时呈紫黑色,完全成熟呈黑色,着果粉。肉质肥厚、多汁,可溶性固形物含量为16%~18%,品质上等。树势偏旺,易丰产,抗病力强,果实较耐贮运,多雨年份易裂果。在江苏苏南地区8月上旬开始成熟。

2.藤稔(图1-9)

欧美杂种,四倍体。

果穗大,圆锥形到圆柱形,着粒紧凑,平均穗重600克,大穗重可达1800克。果粒近圆形到短椭圆形,自然粒重12~16克,强化栽培重至18~40克,成熟时呈紫红至紫黑色,完全成熟呈黑色,光亮,果粉少。肉质肥厚、多汁,可溶性固形物含量为14%~16%,味甜少酸,品质

图1-8　巨峰

中上。树势中庸,易丰产,抗病力强,果实不耐贮运,过熟后口味变淡,多雨年份易裂果。在江苏苏南地区8月初开始成熟。

图1-9　藤稔

3.巨玫瑰(图1-10)

欧美杂种,四倍体。大连市农业科学院培育。

果穗圆锥形,大小适中、整齐,果粒着生紧密,平均穗重675克,大穗重1 250克。果粒短椭圆形,暗红色,中等大小,平均粒重9克,大粒重12.3克。果皮薄。果肉肥厚、滑润,有浓郁玫瑰香味,无肉囊,汁多,乳白色,清香爽口,可溶性固形物含量为17%~18%。每果粒有种子1~2粒。

巨玫瑰品种口感好,糖度高,果穗大小整齐,色泽鲜艳、美观,是极佳的鲜食品种。抗病力强,易丰产,栽培管理简单,适于各地露天栽培发展。果肉软,不耐运输。在江苏苏南地区7月底开始成熟。

图1-10　巨玫瑰

4.沪培1号(图1-11)

欧美杂种,三倍体。2006年通过上海市新品种审定。上海市农业科学院培育。

果穗圆锥形,平均穗重400克,大穗重565克,果粒着生中等紧密。果粒长椭圆形,平均粒重5克,大粒重6.8克。果皮中厚,绿黄色,在冷凉气候条件下为淡红色,果粉中等多。果肉中等硬,肉质致密,可溶性固形物含量为15%~18%,有浓郁草莓香味,品质上等。无核,不脱粒、不裂果,果穗和果粒大小整齐。树势强旺,适应性广泛,穗形好,外观漂亮,是一个集品质优、丰产、稳产、抗逆性强于一体的优良无核葡萄新品种。

图1-11　沪培1号

5.瑞都翠霞(图1-12)

欧亚种,二倍体。北京市林果研究所培育。

果穗圆锥形,平均穗重408克,果粒着生中等或紧密。果粒椭圆形或近圆形,平均粒重6.7克,大粒重9克,大小较整齐一致。果皮薄而脆,紫红色,色泽艳丽一致,稍有涩味,果粉薄。果肉脆、硬、多汁,酸甜适口,可溶性固形物含量为16%。每果粒有种子1~3粒。瑞都翠霞品种是较优秀的早中熟红色品种,栽培容易,在同等栽培管理条件下,经济效益优于现有同类品种。在江苏苏南地区7月底开始成熟。

图1-12 瑞都翠霞

6.阳光玫瑰(图1-13)

欧美杂种,二倍体。

果粒大,平均粒重13克,绿黄色,坐果好,栽培容易。肉质硬脆,有玫瑰香味,可溶性固形物含量为20%左右,鲜食品质优良。耐贮运性良好,没有脱粒现象。抗病,可短梢修剪,成熟期与巨峰相近。阳光玫瑰品种外观品质和内在品质均优,可进行大面积推广。

图1-13 阳光玫瑰

7.东方之星(图1-14)

欧美杂种,二倍体。

果穗圆锥形。果粒大,自然粒重约10克,在盛花期14天后用25毫克/千克赤霉素处理,粒重可达12克。果粒长椭圆形,有香味。东方之星品种不裂果,不脱粒,耐贮运,是欧美杂种中一个优良的鲜食品种。成熟期比巨峰晚。

8.黑蜜

欧美杂种,四倍体。

果穗圈套,穗重400~550克。果粒短椭圆形,粒重11~13克。果皮厚,蓝黑色,易上色,果粉特浓,外观美。果肉稍脆,比巨峰硬,可溶性固形物含量为18%~21%,含酸最低,口感浓甜多汁,有香味,品质优。果实较耐运输。树势旺,丰产,抗病力强。在江苏苏南地区8月上旬开始成熟。

图1-14　东方之星

图1-15　金手指

9.金手指(图1-15)

欧美杂种,二倍体。

果穗圆锥形,平均穗重450克,大穗重750克。果粒中大,黄白色,平均粒重5.94克,大粒重8.2克。果肉浓甜,有蜂蜜香味,可溶性固形物含量为18%~21%。每果粒有种子0~3粒,多为1~2粒,种子与果肉易分离,无小青粒。抗病性较强,栽培简单,但降水过多会有裂果,避雨栽培比较安全。在江苏苏南地区8月上旬开始成熟。

10.黄蜜

欧美杂种,四倍体。1999年张家港市神园葡萄科技有限公司直接从日本植原葡萄研究所引进。

果穗圆锥形,整齐,平均穗重 500 克,大穗重 750 克。果粒大,着生较松,椭圆形至倒卵形,白黄色,着色一致,平均粒重 10 克,大粒重 14 克。果皮厚而韧,无涩味,果粉厚。每果粒有种子 2~3 粒,多为 2 粒,种子与果肉易分离。可溶性固形物含量为 18%~23%,鲜食品质上等。在江苏苏南地区 8 月中旬开始成熟。

11. 园野香

欧亚种,二倍体。张家港市神园葡萄科技有限公司培育。

果穗圆锥形,中等大,大小整齐,平均穗重 450 克。果粒着生较松,弯椭圆形,紫红色,平均粒重 6.4 克,大粒重 8 克。果粉薄,果皮厚。果肉硬脆,有较浓的玫瑰香味,可溶性固形物含量为 17%~18%,鲜食品质上等。每果粒有种子 2~4 粒。在江苏苏南地区 8 月中旬开始成熟。

(三)晚熟品种

1. 魏可(图1-16)

欧亚种,二倍体。

果穗圆锥形,果粒着生疏松,果穗大小整齐,平均穗重 450 克,大穗重 575 克。果粒卵形,紫红色至紫黑色,成熟一致。果粒大,平均粒重 10.5 克,大粒重 13.4 克。果皮厚度中等,韧性大,无涩味,果粉厚。果肉脆,无肉囊,果汁多,绿黄色,极甜,可溶性固形物含量达 20%以上,鲜食品质上等。每果粒有种子 1~3 粒,多为 2 粒,种子与果肉易分离。

魏可品种树势强,结果后着色好,稍有裂果,抗病力强,容易栽培。

2. 白罗莎里奥(图1-17)

欧亚种,二倍体。

果穗多圆锥形,无副穗,果粒着生中等,果穗大小整齐,平均穗重 450 克,大穗重 685 克。

图1-16 魏可

果粒短椭圆形,黄绿色,着色一致,成熟一致,平均粒重 8.5 克,大粒重 14 克。果皮薄而韧,无涩味,果粉厚。果肉质厚、爽脆,无肉囊,果汁多,绿黄色,味纯甜,有香味,可溶性固形物含量为 19%~22%,鲜食品质上等。每果粒有种子 1~4 粒,多为 2 粒,种子与果肉易分离,无小青粒。在江苏苏南地区 8 月中旬开始成熟。

　　白罗莎里奥品种果穗和果粒均大,果穗大小整齐、美观,品质风味极佳,是优良的鲜食品种。果粒晶莹剔透,在阳光下,果肉内的种子清晰可见,口味纯甜爽脆,有淡玫瑰香味,惹人喜爱。

图1-17　白罗莎里奥

图1-18　美人指

3.美人指(图1-18)

　　欧亚种,二倍体。从日本引进并命名为"美人指"

　　果穗圆锥形,无副穗,果粒着生疏松,平均穗重 600 克,大穗重 1 750 克。果粒大,尖卵形,鲜红色,在温差大的地方紫红色,着色一致,成熟一致,平均粒重 12 克,大粒重 20 克。果皮薄但很有韧性,无涩味,果粉中等。果肉爽脆,无肉囊,汁多,果汁绿黄色,味甜,可溶性固形物含量为 17%~19%。每果粒有种子 1~3 粒,多为 3 粒,种子与果肉易分离。在江苏苏南地区 8 月中下旬开始成熟。

　　美人指品种果粒细长,先端鲜红色至紫红色,光亮,基部色稍淡,恰如染了红指甲油的美女手指,外观极奇特艳丽。果皮与果肉难分离,不易裂果,成熟后留树保存糖度还能上升,可溶性固形物含量为 21%~23%。口感甜美爽脆,品质上等。树势旺,抗病力弱,易感染白腐病;枝条成熟迟,多雨水年份光照不足可影响花芽分化。

4.红地球(图1-19)

欧亚种,二倍体。美国加州晚熟主栽品种。

果穗特大,松散,平均穗重700克,大穗重2 400克。果粒圆至近卵圆形,粒重11~13克,大粒重22克。果皮薄,鲜红色至紫红色。果肉爽脆,肉质半透明,用刀切片不淌汁,可溶性固形物含量为17%~20%,品质上等。果粒着生极牢固,即使果梗枯了也不落粒,不裂果;采用延迟栽培措施,可使果实成熟后留树保存1个月。极耐贮运,低温条件加保鲜剂可贮藏到翌年5月份,风味不减。树势中庸,抗病力弱。红地球是进口高档葡萄的主要品种,在江苏苏南地区8月底至9月初成熟。

图1-19　红地球

5.高千穗(图1-20)

欧亚种,二倍体。

果穗中等大,穗重450~600克。果粒长卵圆形,粒重6~7克,无大小粒现象。果皮厚紫红至紫黑色,着色一致。果肉脆,可溶性固形物含量为18%~21%,最高可达23%,有浓郁的玫瑰香味,浓甜浓香,品质极上。高千穗在1998年江苏省新品葡萄鉴评会上获第一名。在生产上有可能取代北方著名的玫瑰香品种。树势强,极丰产,一个结果枝上往往出现4~5个果穗,抗病力较强,果实极耐贮运。在江苏苏南地区9月上旬开始成熟。

图1-20　高千穗

6.紫地球（图1-21）

欧亚种，二倍体。是在我国浙江临海地区发现的变异品种。

果穗特大，松散，平均穗重 1 000 克以上，大穗重可达 4 650 克。果粒圆至近卵圆形，粒重 12~16 克，大粒重可达 22 克。果皮薄，紫红至紫黑色，可以连皮食用。果肉半透明，肉质较嫩，果肉中间有空腔，可溶性固形物含量为 17%~18%，品质上等。果粒着生牢固，稍有裂果。在江苏苏南地区 8 月下旬成熟上市。

图1-21　紫地球

7.园意红（图1-22）

欧亚种，二倍体。张家港市神园葡萄科技有限公司培育。

果穗分枝形，果穗大，平均穗重 650 克，果粒着生较松。果粒近圆形，鲜红色，粒大，平均粒重 8.9 克，大粒重 12 克。果粉薄，果皮厚，无涩味。果肉脆，果汁浅黄色，味甜，可溶性固形物含量为 15%~17%，鲜食品质上等。每果粒有种子 3~4 粒。充分成熟后果柄处稍有环裂。在江苏苏南地区 8 月下旬开始成熟。

图1-22　园意红

8.濑户（图1-23）

欧亚种，二倍体。别名桃太郎。

果穗圆柱形，无副穗，颗粒着生中等，果穗大小整齐，平均穗重 625 克，大穗重 875 克。果粒扁圆形，黄绿色，着色一致，成熟一致，平均粒重 7 克，大粒重 12 克，用赤霉素处理 2 次可获得 14~16克无核果。果皮薄而脆，无涩味，果粉中等。果肉厚，无肉囊，果汁中等，绿黄色，味甜，可溶性固形物含量为 18%~19%，鲜食品质上等。每果粒有种子1~4 粒，多为 3 粒，种子与果肉易分离，有小青粒。濑户品种皮薄肉脆，甘甜爽口，是优质的鲜食品种。树势极旺，抗病力差，宜采用避雨设施栽培。在江苏苏南地区 9 月上旬开始成熟。

图1-23　濑户

9.天山

欧亚种，二倍体。

果粒巨大，粒重 25~30 克，始花期和盛花后用赤霉素处理 2 次，可使粒重达到40 克。皮薄，肉质爽口，可以连皮食用。

天山品种充分成熟时果粒黄色。树势旺，属于纯欧洲种，需注意日灼、预防病害，栽培管理与其母本白罗莎里奥类似。

10.昭平红

欧亚种，二倍体。

果穗圆锥形，穗重 500~600 克，整穗时留 30~35 粒比较合适，经 2 次赤霉素处理可形成无核果。平均粒重 17 克，大粒重 20 克，着色容易，口感好，鲜食品质上等。

11.秋峰

欧亚种，二倍体。

秋峰品种自 11 月上旬开始成熟，是晚熟的黑色大粒种。含糖量高，味道浓厚醇美。没有裂果，栽培容易，很适合作为年末的时令果品。

12.奇高

欧亚种，二倍体。

果穗圆锥形。果粒椭圆形，口味好，糖度高，香味与白罗莎里奥相似，果皮紫色。

栽培容易,成熟期在晚熟品种中比较早,裂果少,可以连皮食用,在多雨地区需采用避雨设施栽培。

13.长野紫

欧美杂种,三倍体。

果穗圆柱形,穗重 400~780 克,果粒倒卵形,果皮紫黑色,与巨峰、先锋相似。果粒大,粒重 10~20 克,肉质清爽味美,可溶性固形物含量为 18%~20%。栽培中用赤霉素处理,可达到无核大粒。长野紫品种最大的特色是无核、皮薄,可以连皮食用。在日本长野县露地栽培 9 月上旬至 10 月中旬成熟。

14.罗马红宝石

欧美杂种,四倍体。

果粒极大,平均粒重 20 克以上。果色鲜红,果皮滑溜、易剥。酸味较少,含糖量与巨峰相似,但不甜腻,回味清雅。果汁丰富,入口之后甜味迅速扩散,口感清爽。因受品种保护,罗马红宝石品种只在日本石川县发展,在当地成熟期为 8 月中旬至 9 月中旬。

二、加 工 品 种

1.赤霞珠

欧亚种,原产法国。

果穗小,平均穗重 165.2 克,圆锥形。果粒着生中等密度,平均粒重 1.9 克,圆形,皮厚,蓝黑色,有青草味,可溶性固形物含量为 16.3%~17.4%,含酸量为 0.56%。在北京地区 8 月下旬至 9 月上旬成熟。用赤霞珠作原料酿制的高档干红葡萄酒,色淡宝石红,澄清透明,具青梗香,滋味醇厚,香味浓郁,回味好,含有丰富的单宁酸。

2.梅鹿辄

别名梅尔诺、梅露汁、黑美陶克。欧亚种,原产法国波尔多。

果穗中等大小,圆锥形,平均穗重 240 克。果粒圆形,中等大小,着生紧密,平均粒重 1.8 克。紫黑色,果粉厚,果皮中厚,果肉多汁,味酸甜,有浓郁青草味,并带有欧洲草莓独特香味。

果实出汁率 70%,果汁颜色宝石红色,澄清透明,可溶性固形物含量为 16%~19%,含酸量为 0.6%~0.7%。适宜酿制干红葡萄酒和佐餐葡萄酒,用梅鹿辄为原料酿制的葡萄酒酒质柔和、独特,新鲜成熟速度快,与赤霞珠酒勾兑,可以改善酒的酸度和风格。

3.贵人香

别名意斯林、意大利里斯林、意大利雷司令。欧亚种,西欧品种群。

果穗圆柱形,带副穗,中等大,平均穗重 194.5 克,大穗重 405 克。果穗大小不整齐,果粒着生极紧。果粒近圆形,绿黄色或黄绿色,有多且明显的黑褐色斑点,平均粒重 1.7 克,大粒重 3 克。果粉中等多。果皮中等厚,坚、韧。果肉致密而柔软,汁中等多,味甜,酸味少。可溶性固形物含量为 22.0%~23.2%,可滴定酸含量为0.387%~0.654%。用其酿制的酒,色淡黄,澄清透亮,酒香怡人,柔和爽口,酒体丰满,回味绵长。

4.白羽

别名尔卡其捷里、尔卡其杰里、白翼。欧亚种,原产格鲁吉亚。

果穗圆锥形或圆柱形,有副穗,平均穗重 180 克,大穗重 200 克。果穗大小整齐,果粒着生紧密。果粒椭圆形,黄绿色,有棕褐色斑点,阳面有黄褐色晕,平均粒重 3.1 克,大粒重 4 克。果粉中等厚,果皮薄而韧。果肉软,汁多,绿白色,味甜酸。每果粒有种子 2~3 粒,多为 2 粒,种子与果肉易分离。可溶性固形物含量为 15.5%,可滴定酸含量为 0.69%~1.19%,出汁率为 73%~78%。用白羽作原料配制的酒,清香幽雅,回味绵长,酒质上等。

5.纽约玫瑰

欧美种,原产美国。极早熟品种,耐寒性极强。

果穗圆形,穗重 200~350 克,果粒着生紧密。果粒圆形,紫黑色,着色好,平均粒重 3.5 克,大粒重 6 克,果粉浓,果皮与果肉不易分离,肉质肥厚,汁多,有浓郁草莓香味,有肉囊,含糖量高,可溶性固形物含量为 23%,制汁品质上等,出汁率为80%~85%。裂果程度轻,不易脱粒,耐贮运。

6.康可

别名紫康可、康克、庚可、黑美汁,美洲种。原产美国。

果穗圆柱形或圆锥形,多带副穗,平均穗重 219.8 克,大穗重 390 克,果穗大小整齐,果粒着生中等紧密。果粒近圆形,紫黑色或蓝黑色,平均粒重 3.06 克。果粉厚,果皮中等厚而坚韧。果肉软,有肉囊,汁多,味甜酸,有浓美洲种味。每果粒有种子 2~5 粒,多为 3~4 粒,种子与果肉较难分离,有小青粒。可溶性固形物含量为16.6%,可滴定酸含量为 0.75%,出汁率为 72%,鲜食品质中等。康可为优良的制汁品种,用其作原料制成的葡萄汁,加热后不变色,有特殊香味,并能长期保持,在贮存过程中变色慢。

三、砧木品种

1.SO₄

（1）品种来源。SO_4是德国从冬葡萄和河岸葡萄杂交后代中选育出的一种葡萄砧木品种。

（2）砧木特性。SO_4是一种抗根瘤蚜和抗根结线虫砧木品种，耐盐碱，抗旱、耐湿性显著，生长旺盛，扦插易生根，与大部分葡萄品种嫁接亲和性良好。

（3）栽培要点。SO_4是在世界各地广泛应用的抗根瘤蚜、抗根结线虫砧木。我国山东、浙江等地已将其应用于生产，SO_4嫁接苗生长旺盛，抗旱、耐湿，结果早，产量较高，嫁接品种成熟期略有提早现象。需要注意的是，SO_4作为欧美杂交种四倍体品种的砧木时有"小脚"现象。

2.5BB

（1）品种来源。5BB是法国从冬葡萄与河岸葡萄的自然杂交后代中经多年选育而成的葡萄砧木品种。我国现有品种是由美国引入的。

（2）砧木特性。5BB抗根瘤蚜、抗根结线虫，耐石灰性土壤。植株生长旺，一年生枝条长且直，副梢抽生较少，产枝力强，扦插生根率高，嫁接成活率高。在田间嫁接部位靠近地面时，接穗易生根和萌蘖。但也有一些地区反映其与品丽珠等品种嫁接有不亲和现象。

（3）栽培要点。5BB引入我国时间不长，在各地的栽培中，具体表现出明显的抗旱、抗南方根结线虫及生长快、生长量大等特点。浙江等地用其做鲜食品种的砧木，生长结果表现良好。但5BB砧木与部分品种嫁接有不亲和现象，抗湿、抗涝性较弱，在生产上要予以重视。

3.贝达（Beta）

（1）品种来源。美洲种，为美洲葡萄和河岸葡萄的杂交后代，早年引入我国。

（2）栽培要点。贝达抗寒性显著强于一般欧亚种和欧美杂交种，但因嫁接果实风味欠佳，故不宜作为鲜食品的砧木。利用其抗寒性强且与栽培品种嫁接亲和性良好等特点，我国华北、东北地区常将其作为抗寒砧木。贝达作为鲜食品种砧木时有明显的"小脚"现象，而且对根癌病抗性稍弱，栽培时应予以重视。近年在我国南方地区葡萄栽培生产中发现,贝达作为葡萄砧木还有明显的抗湿、抗涝等特性。

4.华佳8号

(1)品种来源。华佳8号是上海农业科学院园艺研究所用原产我国的野生华东葡萄与佳利酿杂交培育而成的一个专用砧木品种,1999年通过品种审定,是我国自主培育的第1个葡萄砧木品种。

(2)砧木特性。华佳8号枝条生长旺盛,成枝率高。一年生成熟枝条扦插出苗率在50%左右,其根系发达,生长健壮,抗湿、耐涝。用其做砧木嫁接藤稔、先锋等品种,成活率高,嫁接苗除无明显"大小脚"现象外,还有明显乔化及早果、早丰产现象。

(3)栽培要点。华佳8号是适合我国南方地区应用的一种乔化性砧木,宜作为巨峰系品种和其他葡萄品种的砧木,尤其适合嫁接一些生长势较弱的葡萄品种。在扦插育苗时,可用100毫克/千克萘乙酸溶液浸蘸枝条基部,以促进插条生根,提高砧木成苗率。

第二节 葡萄的生物学特性

一、形态特征

葡萄是蔓性果树,在长期的系统发育中,为适应森林环境条件,逐渐形成了生长旺盛、极性强烈等特点。葡萄的根、茎、营养芽和叶属于营养器官,主要进行营养生长,同时为生殖生长创造条件;生殖芽、花、果穗、浆果和种子属于生殖器官,主要用以繁殖后代。对葡萄进行栽培后,可获得其生殖器官——浆果。了解和掌握葡萄各器官的形成、功能和结果习性,对葡萄生产管理具有十分重要的作用。

(一)根

葡萄的根系发达,为肉质根,根系吸收能力强。葡萄根系不仅可输送水分和矿质营养供给植株地上部分,还能贮藏大量营养物质(水分、维生素、淀粉、糖等各种成分)。

葡萄根的结构主要分骨干根和吸收根两部分。因繁殖方法不同,根系的形成有

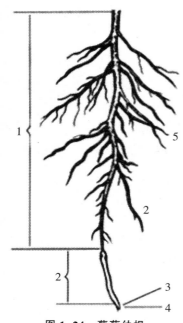

图 1-24　葡萄幼根

1—输导区；2—吸收区；3—生长区；

4—根尖；5—细根

明显的差异。种子繁殖时，由种子的胚根发育而成的植株，有明显的垂直主根，其上分生各级侧根；由种子的胚芽长成地上部的植株，交接处称根茎。用枝条扦插、压条繁殖的植株无主根，只有侧根组成的骨干根系，这些根是由插条的剪口处形成的愈伤组织逐步生长而成的，也有的是由输导束鞘与髓射线外围细胞的交界处生成的。葡萄根随着根龄的增长，又分生出各级侧生根和幼根，这些根统称不定根或称茎生根系，如图 1-24 所示。插条长短及扦插方法不同，发根的形态也不一，单芽插条一般发生 1~2 条初生根，分生若干侧根；多芽扦插的，发根主要在节上，有时也从节间长出细根。大部分葡萄品种的一年生枝基部与其交接的 2~3 单生枝段处，在生长季节，空气湿度大的雨季，温度适宜时，常长出嫩根，称为"气生根"。

　　葡萄根系大小、分布深浅与立地条件和栽培技术有关，一般葡萄根系集中在 20~60 厘米深处，水平分布比垂直分布面大；生长在土壤较干燥、深厚肥沃处的根系比生长在潮湿、瘠薄处的根系深，山地根系比平地根系深。通常冠小根系也小。因此，棚架葡萄根系往往比篱架葡萄根系大。

　　葡萄的根系在土温 8~10 ℃时即开始活动，而开始生长则多在土温 12~13 ℃时，最适宜根系生长的土温为 21~24 ℃。土温超过 28 ℃或低于 10 ℃时葡萄根即停止生长。葡萄根系生长全年有两次高峰，第一次在 5 月底到 6 月初，第二次在 9 月份。因第二次根系生长在 7~8 月干旱期后，且果实已采收，故生长量大于第一次。近年来，采用尼龙薄膜覆盖棚架下地面，第一次根系生长可提前到 4 月初。

（二）芽

　　葡萄新梢每节上都形成两种芽，即冬芽和夏芽。

　　冬芽外表是一个芽，实际上内部是由一个中心芽（主芽）和 3~8 个大小不等的副芽（预备芽）组成，如图 1-25 所示。其中，带花序的为混合芽（花芽），不带花序的为叶芽,二者从外部形态上不易区分。整个冬芽的外部有一层具保护作用的鳞片,其内密生茸毛,正常情况下在越冬后才萌发,故称冬芽。冬芽的中心芽萌发后形成的新梢称主梢。预备芽一般不萌发,只有在受刺激或中心芽死亡时才萌发抽生,其新梢称主芽副梢。同一节上常能抽生出 2~3 个以上的新梢,且主芽副梢常有花序。若一节上有双发或多发枝,则一般每节只留一个最好的新梢,树势旺且花少时可多留有花序的新梢。冬芽受到人为强摘心或主梢局部受害等刺激后,也可在当年萌发,同时还可在次枝上开花结果,出现一年多次结果的现象。不萌发的冬芽称为"瞎眼"。同一枝蔓上不同节位的芽质量不一。

图 1-25 冬芽

1—结果母枝;2—主芽萌发的新梢;
3—预备萌发的新梢;4—花序;5—托叶

夏芽着生在冬芽的一边,因无鳞片保护,故又称裸芽。夏芽为早熟性,在当年即形成副梢。夏芽不需通过休眠期即可自然萌发,在条件适宜时也会形成混合芽。在生产上,有些品种如康拜尔、白香蕉、巨峰、玫瑰香等必要时可利用其副梢结果。但一般副梢结果的果粒比主梢要小,且皮厚、汁少,含酸量较高。若主梢发育正常、负载量合理,则说明植株的营养物质均供给主梢的生长与结实,因而副梢的生长发育也就正常;副梢生长过旺、过弱均说明植株养分失调,这时应合理调整,以确保植株的正常发育。

枝条基部的小形冬芽(主芽或预备芽)越冬后不萌发而成为隐芽,或称潜伏芽。隐芽退化隐没于逐年增厚的皮层内,其四周被皮层的薄壁细胞包围。在适宜条件下,隐芽即萌发新梢,在多数情况下成为较旺盛的徒长枝,其中大部分没有花序。接近地面的萌发枝条可用作更新与整形之用。因葡萄隐芽的寿命长,故其恢复再生的能力强。

不同类型的芽,其萌发顺序也不同。正常情况下,冬芽的中心芽首先萌发,当中心芽受害或局部营养物质丰富时预备芽也可同时萌发,如果冬芽死亡则隐芽大量萌发。在生长期进行主梢摘心后,副梢就可以迅速代替主梢,当一次副梢摘心后,二次副梢就开始生长,每次摘心均可促使其更高一级的枝条萌发。如把副梢全除去或强行摘心,则可迫使冬芽在当年萌发。这种萌芽的特性是葡萄适应外界环境而产生的。一般在植株负载量明显不足时,才利用副梢多次结果,以资补救。

葡萄花芽的形成、开始分化期和分化过程的长短,因气候、品种和农业技术条件不同而异。

葡萄花芽分化是一个复杂而缓慢的过程,自花芽分化开始至开花前,约需一年。一般从5月中下旬全梢开花期开始,6—8月为分化盛期,此后逐渐缓慢,翌春随着气温上升,花芽内上一年形成的花穗原始体继续发育直至开花。在新梢伸长和开花结实的同时,腋芽(冬芽)也进行着花芽分化,孕育着次年的产量。

(三)茎

葡萄的茎(枝条)又称蔓。根据其着生部位和性质不同,葡萄茎可分为主干、主蔓、侧蔓、结果母蔓、结果蔓、新梢和副梢等,如图1—26所示。

葡萄的枝梢生长非常迅速,一年中能多次抽梢。当年生的新梢如充分成熟且发育良好,到秋后已有混合芽,即结果母蔓(枝);春季从结果母蔓上萌发的新蔓中有花序者称结果蔓(枝),无花序者称生长蔓(枝),由主干或主蔓上的潜伏芽萌发的枝称萌蘖枝。新梢有主梢和副梢之分(图1—27)。主梢由冬芽萌发而成,副梢则由新

图1—26 葡萄的茎

1—新梢;2—副梢;3—一年生枝;
4—二年生枝;5—花序;6—卷须

图1—27 葡萄枝梢

1—主梢;2—一次副梢;3—二次副梢;
4—冬芽二次梢;5—残留芽鳞;6—摘心部分;
7—冬芽;8—副梢基部发育不全的叶片

梢上的夏芽当年抽生而成,也称夏梢。主、副梢均可成为结果母蔓。着生结果母蔓的为侧蔓,着生侧蔓的为主蔓,着生主蔓的为主干(无主干形例外)。

葡萄新梢多由节部及节间组成。一般来说,节间较节部细,长短因品种和生长势而异,节部膨大并着生叶片和芽,另侧着生卷须或花序。各节上有互生叶片,节的内部有一横隔膜。葡萄的节具有贮藏养分和加固新梢的作用。

葡萄新梢长达 10 余米,气温 10 ℃以上开始生长,秋季气温降至 10 ℃时停止生长。我国浙江地区地处亚热带常绿果树带,有利于葡萄枝梢的生长和成熟,其中金衢盆地和浙西北种植葡萄更为适宜。

(四)叶

葡萄实生苗具有两片对生的子叶,以后发育成真叶,基部 8~12 片叶呈螺旋状排列,再往上为互生排列。营养体繁殖苗的叶均为互生排列。葡萄叶掌状,多为 5 裂,但也有 3 裂和全缘类型,托叶常于叶片展开后脱落;叶脉通常为单叶网状脉;叶柄与叶片相连接处为叶柄洼。葡萄的叶片如图 1-28 所示。叶片大小、厚薄、形状、锯齿、缺刻的深浅、叶色(包括幼叶与秋叶色)和正反面茸毛等特征,

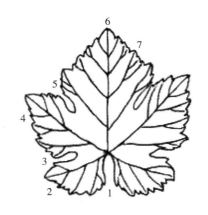

图 1-28 葡萄的叶片

1—叶柄洼;2—下侧裂片;3—下侧裂刻;4—上侧裂片;5—上侧裂刻;6—裂片顶端锯齿;7—边缘锯齿

不仅因品种和着生部位不同而异,而且与抗病性有关。一般来说,叶厚、色浓、茸毛多者,抗黑痘病能力强。葡萄中部叶片(7~12 节)特征比较稳定,生产上多以它们作为识别品种的标志。

叶片是葡萄植株进行光合作用、呼吸作用和蒸腾作用的器官,是制造有机营养物质的重要场所。叶片光合作用强度因光照强度、叶片年龄和品种等不同而不同。

叶片到秋天多变为黄、红等色。果实暗黑色的品种,多数具红色的秋叶;果实白色的品种,多数具黄色的秋叶。

当秋季气温降低到 10 ℃时,叶片中的叶绿素开始逐渐减少直至呈现秋叶色,同时叶柄产生离层而自然脱落。葡萄植株一般在 12 月上旬开始落叶。

(五)卷须、花序和花

1.卷须

葡萄的卷须和花序均着生在叶片的对面,二者在植物学上是同源器官,都是茎的变态。卷须在实生苗第一年的新梢上出现稍迟,多在第 9~15 节,出现卷须是实生苗阶段发育成熟的标志。成年实生植株和营养繁殖的植株,通常在新梢基部 3~6 节开始发生卷须。

葡萄卷须形态有分杈(双杈、三杈和四杈)、不分杈、分支很多和带花蕾等几种类型。卷须的作用是攀缘他物,固定枝蔓,使植株得到充足阳光,有利生长。卷须缠绕之后迅速木质化,如遇不到支撑物,绿色的卷须则会慢慢干枯脱落。在人工栽培中,为了减少植株养分消耗,避免给管理带来困难,常将卷须摘除。

2.花序和花

通常,欧亚种群的品种第一花序多生于新梢的第 5~6 节,一个结果枝上有花序 1~2 个,而欧美杂种和美洲种则普遍着生于新梢的第 3~4 节。

葡萄花序的形成状况与营养条件极为密切,营养条件好则花序形成也好,营养不良则花序分化不好,如图 1–29 所示。

葡萄的花序属于复总状花序,圆锥形,由花序梗、花序轴、支梗、花梗和花蕾等组成,有的花序上还有副穗,如图 1–30 所示。葡萄花序的分支一般可有 3~5 级,基部的分支级数多,顶部的分支级数少。正常的花序,在末级的分支端通常着生 3 个

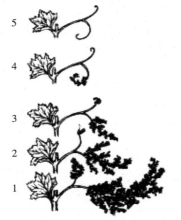

图 1–29　花序形成与营养条件的关系

1—好;2—较好;3—中等;4—差;5—极差

图 1–30　葡萄的花序

花蕾。发育完全的花序,有花蕾 200~500 个,一般以花序中部花质量为最好。因此,对穗大粒大的四倍体葡萄,要特别注意合理疏花序,每穗留中部花 100~150 朵,以提高坐果率。

发育完全的花序以中部的花蕾成熟最早。一个花序上的花蕾全部开放总时间一般需 4~8 天,其中第 2~4 天为开花盛期,遇雨或低温则延迟。一天中,花蕾开放时间多集中在上午 7~10 时。

葡萄的花由花萼、花冠、雄蕊、雌蕊和花梗 5 个部分组成。葡萄花有 5 片顶部连生的花瓣,构成帽状绿色花冠。花萼小且不明显,由花冠代替花萼,在蕾期对花器起保护作用。雄蕊 5 个(有时 6~8 个),雌蕊 1 个。子房上位,多心室,每室 2 个胚珠,胚珠倒生。葡萄花及器官组成如图 1-31 所示。

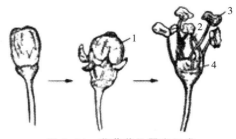

图 1-31 葡萄花及器官组成

1—花冠(帽);2—子房;3—花药;4—蜜腺

葡萄的花基本上可分为四种主要类型,即完全花(两性花)、雌能花、雄性花及过渡类型的花。如图 1-32 所示为葡萄的各种花型。

葡萄花开放速度与温度和湿度有着密切关系。葡萄开花最适温度为 27.5 ℃,最适湿度为 56% 左右。当温度低于 20 ℃ 或高于 30 ℃ 时,葡萄花常不开放或极少开放。

葡萄主要借风力传粉。葡萄的花粉有黏性、呈黄色、极小,这是风媒花的特点,但昆虫(特别是蜜蜂)对它也能起传粉作用。成熟的雌蕊柱头上能分泌出一种珠状

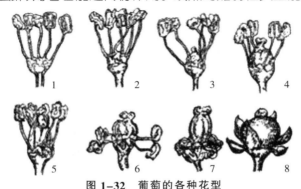

图 1-32 葡萄的各种花型

1,2,3—雄性花;4,5—两性花;6,7—雌能花;8—雌性花

液体,花粉粒黏在上面,在适宜的温度条件下开始萌发:首先伸出花粉管,然后再沿柱头的疏松组织向里延伸,最后透过子房的隔膜进入胚囊向胚珠进行授精。受精后,胚乳和种皮很快开始发育,每一胚珠形成一粒种,其数量依胚珠受精数目而定,未受精的子房便脱落。一些没有种子的浆果,是因为胚珠未受精而未能形成充实的种子,这种浆果果粒较小。著名的新疆无核白、无核黑葡萄就是因为胚珠发育不完全而成为无籽品种的。

(六)果穗、浆果(果粒)与种子

1.果穗

葡萄花序的花通过授粉和受精发育成浆果后即为果穗。葡萄果穗由穗梗、穗轴和果粒等组成,如图1-33所示。从着生新梢处起到果穗的第一分杈处的一段称"穗梗",在穗梗末端有一"穗梗节",果穗成熟时,从穗梗节上开始木质化。果穗的全部分支(杈)称为"穗轴"。第一分支特别发达时,又常称"副穗",果穗的主要部分则称"主穗"。果穗按其松紧度分为极密(果粒之间很挤,因而果粒变形)、密(果粒间较挤,但果粒不变形,置于桌面上果穗不变形)、松散(置于桌面上果穗变形)、极松散(所有分支都是自由的)四种。鲜食品种要求不宜过于紧密,以密和松散为好。葡萄果穗的形状,如图1-34所示。

葡萄果穗的大小与产量有直接关系。一般来说,鲜食品种要求大小中等的果穗,酿造加工品种则没有特别要求。

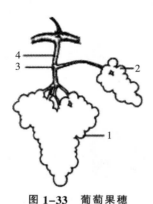

图1-33　葡萄果穗

1—主穗;2—副穗;3—穗梗节;4—穗梗

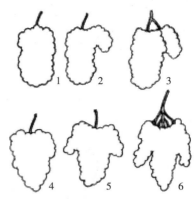

图1-34　葡萄果穗的形状

1—圆柱形;2—单肩锥形;3—圆柱形副穗;

4—圆锥形;5—双肩圆锥形;6—分枝形

葡萄果穗的形状、紧密度、大小及重量等特征是区别品种的依据，但这些特征常因栽培条件和着果情况而异。同一品种，其副梢结的果与该品种的典型特征也有显著的差异。

2.浆果(果粒)

葡萄果粒由子房发育而成，果实内含有大量水分，汁液特别多，故称浆果。

葡萄的果粒主要由果梗（果柄）、果蒂(果刷)、外果皮、果肉(中果皮)、果心(内果皮)和种子(或无种子)等部分组成，如图 1-35所示。

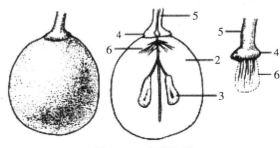

图 1-35 葡萄浆果

1—浆果；2—果肉；3—果核；
4—果蒂；5—果梗；6—中央维管束

葡萄浆果的形状、大小、色泽因品种不同而千差万别。果粒的形状可分为圆柱形、长椭圆形、扁圆形、卵形、倒卵形等，如图 1-36 所示。各个组成部分如下：果梗——与穗轴(分支)相连，葡萄的果梗极短；果蒂——果柄与果粒相连处的膨大部分；果刷——果粒中央维管束与果粒分离后在果蒂上的残留物。果粒是否易与果柄、果蒂分离而脱落，与果刷的形状及大小有关，通常果刷长而大者不易落粒。葡萄果粒的这种特性对于品种能否进行长途运输具有很重要的参考意义。

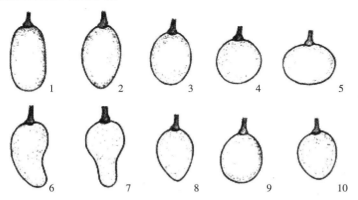

图 1-36 葡萄浆果的形状

1—圆柱形；2—长椭圆形；3—椭圆形；4—圆形；5—扁圆形；
6—弯形；7—束腰形(瓶形)；8—鸡心形；9—倒卵形；10—卵形

葡萄果肉的质地因种类和品种而不同,大致可分为少汁、多汁,脆、硬,细嫩、粗糙,黏、滑等,鲜食葡萄以多汁、脆和果肉细嫩者为佳。

葡萄果实的出汁率、种子重量及果皮重量比例是酿造原料选择的重要因素。

葡萄果皮的厚度因品种而不同,通常分为薄、中、厚三种。果皮较厚的品种较耐贮藏运输,而果皮薄是鲜食品种应具有的良好特性之一。葡萄果皮含有涩味或酸味的程度也因品种而不同。

不同品种的葡萄,其色泽也不同,可分为白、粉、红、灰、紫黑等色。多数品种的果肉是透明的,果汁无色,但有少数欧洲种葡萄的果汁中含有色素,许多北美种、东亚种及杂交品种的果汁中也含有色素。对于酿制各种类型的葡萄酒(红、白葡萄酒)来说,葡萄的色素常是重要的选择因素。果肉与果汁无色的品种可酿制白葡萄酒,果肉有色的品种在酿制白葡萄酒时,需在榨汁后将皮去除,红、黑色品种可酿制红葡萄酒。

葡萄未成熟的果粒中含有淀粉,而成熟的果粒中多不含淀粉,这决定了葡萄果实在采收后无后熟作用。

成熟的葡萄中含有有机酸类、果胶、单宁、矿物质、维生素、芳香物质,以及少量的蛋白质和油脂。此外,葡萄还含有各种酶,如蔗糖酶、氧化酶、蛋白酶、果胶酶和脂酶等,酶对于酿造品质有一定的作用。

3.种子

葡萄种子有很坚实而厚的种皮,上被蜡质。胚乳白色,富含脂肪与蛋白质。胚位于核嘴的附近,由两片子叶、胚芽、胚茎和胚根组成(图1-37)。

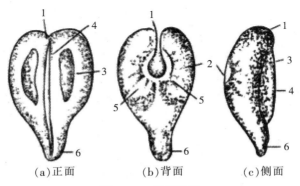

（a）正面　　　（b）背面　　　（c）侧面

图1-37　葡萄种子

1—核沟;2—合点;3—核洼;4—缝合线;5—核心线;6—核嘴(喙)

因受精率的不同,一般果粒中,多含有1~4粒种子。果粒内种子数的多少影响果粒发育的大小与形状。同一果穗中种子数愈多,果粒愈大。葡萄也有不含种子的果粒(无籽果粒),有时是偶然现象(如玫瑰香、佳利酿等,一个果穗中常有许多无籽果粒),有时则是品种的典型现象(如无核白、无核紫等)。

葡萄种子含油率为10%~14%,某些品种种子可达20%。初步估算,一座年加工万吨的葡萄酒厂,可产300余吨种子,若按出油率10%计算,则可年产30吨葡萄籽油和250吨油饼,这无疑是一笔宝贵的资源。

二、生长周期与年周期

(一)生长周期

葡萄为落叶蔓性植株,其生物学特性与一般乔木果树有很大不同。葡萄单株枝蔓占地面积之大为果树类之冠。

在肥水充足且温度适宜时,葡萄一年内自芽萌发生长的新梢,有长达10米以上者。同时,其强盛的新梢上又可抽生多数副梢,副梢又可再抽生多数副梢。一些分枝和生长迅速、进入结果年龄早的密植葡萄园,栽植后次年即可获得高产。

葡萄因其易从老枝蔓的隐芽萌发新枝,故不论大枝、小枝很容易更新复壮。此外,葡萄枝蔓贴地易生根,又促进了此枝(株)的再生长,因之树体(群体)衰老缓慢,经济寿命很长。有些母株即使到了老龄,仍能维持丰产。

(二)年周期

植株在一年中生长发育规律性的变化称为年周期。春季气温上升,植株开始萌芽生长,深秋气温下降,叶片凋落,新梢及根停止生长,冬季进入休眠。了解葡萄植株年周期中有顺序、有节奏的各种生命活动规律及其对环境条件的要求,对葡萄产业栽培管理有十分重要的意义。

进入结果期的葡萄植株,其一年中的生长活动大致可分为生长期和休眠期两种。

1.生长期

春季平均气温稳定在10℃左右时,葡萄地下部和地上部开始活动。自那时起至秋季落叶时止,这段时间称为生长期,一般可分为以下六个时期。

（1）伤流期。由树液流动开始至萌芽期间，枝蔓新的伤口即有树液外流，称为"伤流"。伤流期的迟早和持续时日，因气候、土壤、种和品种而不同。欧亚种根系在分布层的土温为 6~6.5 ℃、美洲种根系在分布层的土温在 5~5.5 ℃时，即有伤流出现。我国江南地区葡萄伤流期出现较早，北方地区种植的葡萄伤流期略短。

如果在芽萌发和根开始生长前造成伤口，就会产生伤流。当芽萌发展叶后，此时幼嫩叶片已开始蒸腾水分，伤流现象即消失。

葡萄伤流量的多少，因品种、株龄及土壤湿度而定。根系分布范围小而浅或土壤干旱，植株伤流量也较小。在土壤湿度较大时，一株成年植株一昼夜的伤流量可达 1 000 毫升。因伤流液中含有 0.1%~0.2%的干物质（其中 2/3 是糖类），故大量伤流对树体生长发育是不利的。

（2）萌芽及新梢生长期。从芽萌发至开花始期止，需 30~50 天。

春季，当气温上升到 10 ℃以上时，植株根部吸收的水分和矿物质盐类大量向上部流动，靠近芽眼附近的韧皮部活动增强，当营养物质进入芽的生长点时，引起细胞迅速分裂。上一年秋季已经处于停止状态的花芽分化过程，现在又继续进行，芽眼膨大，随后鳞片裂开，露出茸毛，并在芽的顶端呈现绿色，这一过程即为萌芽。

4月上旬，当地温上升到 10~15 ℃后，植株开始发生新的须根，新根的出现增强了植株在土壤中吸收水分和无机盐类的能力，促进了萌芽和新梢的伸长。5月上旬开始，新梢基部叶片已能制造有机养分，供给新梢、根系和花器等的生长发育。这时新梢生长速度很快，直至幼果膨大期才逐渐缓慢。由于这一阶段是为当年生长、结果作准备的阶段，所以如果环境条件不良，如低温、干旱、病虫害或土壤养分贫乏等，则花序原始体只能发育成卷须的小花穗，甚至会使已形成的花穗原始体在芽内萎缩、消失。这一时期应及时抹芽、疏花穗，以节约养分，促进新梢生长。开花前 7~10 天进行主梢摘心和副梢处理，能在短期内改善花器营养，有利开花坐果。此外，这一时期还要特别注意防治病虫害。

（3）开花期。从开花始到开花终称开花期，需 7~10 天。当气温达到 20~25 ℃时，葡萄植株即大量开花，温度低于 15 ℃不能正常开花与受粉。同株上平均每个花穗上有 5%的花冠脱落，称为始花期；95%以上的花冠脱落时，称为浆果生长期。

同一结果新梢上，基部的花序先开放，第二和第三花序次第开放。同一花序上，中部的花先开放，穗尖及副穗上的花后开放。一般来说，花穗小的品种花期短，花穗大的花期长。

葡萄花常在上午 6~11 时开放，以 9 时前后开放为最多。土壤湿度大时开花较早，土壤干燥时开花较晚。柱头受精的易感性保持 4~6 天，受精的过程长达一昼夜。受精后柱头干枯，雄蕊脱落，子房开始膨大，而大部分未受精的子房，在末花期以后则纷纷脱落，即落花。葡萄植株落花率均在 40%~60%。

葡萄开花期如遇低温、多雨则可影响受精。氮肥过多，植株徒长，新梢生长与花器发育争夺养分，花器营养贫乏，可造成开花前的大量落蕾和开花后的落花；花期土壤中水分过多，根系透气不良，营养状况恶化，也会导致严重落花。因此，开花期间低温多雨是栽培葡萄的不利因素之一。

葡萄开花期间，由于开花和枝、叶的生长等消耗了大量营养物质，因此生殖生长与营养生长争夺养分极为激烈，这时应分情况采取不同方法，改善花期营养。必须及时绑蔓，控制副梢生长或摘除副梢，以节约养分，改善通风透光条件。花前和花后必须进行追肥，对某些落花落果严重的品种可在花前 3~5 天进行摘心。喷 0.05%~0.1% 硼砂或进行人工辅助授粉，对提高着果率，保证当年的产量有一定作用。

（4）浆果生长期。自子房开始膨大至浆果着色前止，称浆果生长期，这一时期实际上包括两个生长阶段，一是浆果迅速生长期，二是硬核期。植株开花受精后，子房开始膨大，受精的胚越多，子房膨大就越快。当幼果长到 3~4 毫米大小时，其中一部分果粒会因营养不良使胚停止发育而产生第二次脱落（生理落果）。留存下来的浆果便开始迅速生长，经 20~30 天，幼果达到该品种成熟浆果体积的五分之四时，果粒生长趋于缓慢，种子开始硬化，进入硬核期。

浆果迅速生长期时幼果呈绿色，具有叶绿素，能进行同化作用制造养分。由于这时植株的营养物质主要输给浆果生长，因此新梢伸长处于缓慢状态。

硬核期幼果生长极慢。硬核期的长短与品种有关，一般来说，早熟种硬核期短，中熟种和晚熟种硬核期长。这一时期果粒中含酸量高、含糖量低。

在浆果生长的同时，新梢叶腋间冬芽继续分化，夏芽抽生副梢，枝蔓加粗生长。

葡萄浆果生长期正值梅雨季节，雨水多，对幼果膨大有利。但是当进入硬核期如遇干旱，则叶片将与幼果争夺水分，导致果实内水分不足，而易产生日灼病等。因此，在谢花后要及时供应足够的营养物质，避免发生严重的落果，影响花芽分化及枝蔓的生长发育；及时引缚新梢，处理副梢，避免架面郁闭，改善通风日照；注意排水，加强中耕除草。此外，对易发生日灼病的品种如黑汉和巨峰等，应在此期进行疏果或进行果穗套袋。

(5)浆果成熟期。自浆果开始变色至完全成熟时止为浆果成熟期。浆果开始成熟时表皮出现该品种固有的颜色并变软具有弹性,浆果内部含糖量迅速增加,酸及单宁等含量逐渐减少。新梢成长缓慢,基部开始木质化。花芽继续分化,种子变为棕、褐色,穗梗木质化。这一时期,植株根部营养物质的积累逐渐增加,为越冬和次年生长发育做好准备。

葡萄浆果的着色,需要一定的光照和一定浓度的含糖量。凡只能在太阳直射时才能着色的品种称直光着色品种;一些不需阳光直射也能着色的品种称散光着色品种,如套袋后也可以正常着色的品种康拜尔早生、黑汉和巨峰等。生产上遇到的像巨峰葡萄浆果颜色只转红不变紫或不能成熟的现象,多数情况下是由于结果数量过多、叶片与果穗比例低或是早期落叶和病虫为害等造成的。

浆果成熟期高温干旱、昼夜温差大,对提高果实的含糖量、促进浆果的成熟有利。此期持续时间为20~30天,因品种和浆果用途不同而异。浆果成熟需要的有效积温因品种而异。由于温度高于10℃时葡萄才能萌芽抽生新梢,故以10℃为葡萄的生物学零度,超过10℃的日平均温度全值总和,即为有效积温。各种葡萄对有效积温的要求不同,一般早熟品种2 500℃、中熟品种2 900℃、晚熟品种3 300℃,这一时期应保持水分均匀。若久旱之后突遇降水过多,果实的生理膨压增大,则会造成裂果。另外,要避免过多使用氮肥,根外追肥应以磷、钾肥为主,且不再进行副梢修剪,以免刺激剪口芽再次萌发抽梢,消耗养分。此外,还应及时控制病虫害,防止鸟兽为害,注意保叶保果。

(6)落叶期。自浆果生理成熟到落叶止为落叶期。本期持续时间长短不一,越是晚熟的品种持续时期越短,反之则长,一般为30~100天。

浆果成熟后,叶片的同化作用继续进行,其所制造的养分由上向下输送积累到枝蔓及根部,尤以节部聚集较多。新梢的成熟良好与否,对当年能否完全越冬及来年新梢的生长和产量影响很大。新梢越成熟其抗寒能力越强,但如遇病虫为害,新梢成熟不好,则经不住冬季低温冻害,枝蔓枯死。浆果采收后,新梢木质化加快,成熟的枝梢一般变成棕、褐等色,枝富弹性,卷须木质化、变坚硬。新梢的成熟过程多由下向上逐渐进行。

在落叶果树中,葡萄落叶最晚。多数年份葡萄是在早霜冻后落叶,代替自然生理落叶。

这一时期的生产技术措施在于促进新梢成熟,保护叶片。采收后应及早施用有机肥和速效肥,继续防治霜霉病、白粉病、葡萄红蜘蛛病等病害。尽可能防止早霜损伤叶片,尽量让植株正常生理落叶。

2.休眠期

葡萄是落叶果树,在从冬季到翌春的树液流动期间,虽然芽的生长一度停止,进入休眠状态,但其内部各种复杂的生理生化过程仍在缓慢进行。休眠可分为生理休眠和被迫休眠两种。

(1)生理休眠。生理休眠是指葡萄自新梢开始成熟起,芽眼自下而上逐渐进入休眠状态,此时即使有适宜的条件,芽眼也不萌芽,因此也称自然休眠。生理休眠是葡萄在长期的进化过程中,为了适应冬季的不良环境条件而形成的,其生理休眠期越长,对适应冬季低温的能力越强,越能适应严寒地区栽培。生理休眠期的长短因品种而异。

(2)被迫休眠。当葡萄植株的生理休眠完成以后,外界环境条件仍然不适合植株生长,植株仍表现出休眠状态,一旦外界条件适合,植株就开始正常发芽生长,这一时期称为被迫休眠。

葡萄休眠期的长短除与品种有关外,外界温度条件也起了很大的作用。即使是同一品种若在不同地区栽植,它们之间差异也很大。生产上为促使其早发芽、早生长,常采用缩短被迫休眠期的方法,如用塑料温室增温,或用20%石灰氮澄清液于12月份涂芽,在10 ℃适温以上,经20天时间即有70%发芽率。

葡萄植株进入休眠期以后,如果冬季干旱,要及时冬灌,保持一定的土壤湿度,避免燥冻伤害植株。

三、对环境条件的要求

1.温度

葡萄喜温,萌芽期的适温为10~12 ℃;开花、生长和花芽分化期的适温为25~30 ℃,低于15 ℃时不能正常开花和受粉受精;浆果成熟期的适温为28~32 ℃,低于20 ℃可导致品质不良。成熟期适当高温(30~35 ℃),对提高品种品质较为有利。浆果接近成熟期时的昼夜温差大于10 ℃以上时,果实含糖量显著提高。

葡萄约在11月进入自然休眠,此期温度需要低于7.2 ℃(最好0.6~4.4 ℃)的时间为 1 000~2 000 小时。一般在露地经过 1 个月时间,葡萄植株自然休眠结束。我国南方温暖地区,因冬季低温不足往往不能自然休眠,进而发芽不整齐,生长不良。

葡萄能耐 −18~−15 ℃的低温,温暖地区不需要埋土防寒。

2.水分

葡萄是耐旱果树,但过于干旱也会削弱植株生长势态或降低产量。葡萄对水分的要求因生育期不同而不同:生长初期对水分要求较多;开花期则宜适当干燥,若降水过多,则会阻碍正常受精,引起落花,病害严重;在浆果生长期对水分要求较多,而浆果成熟期又不需要很多水分,此期多雨常引起裂果腐烂及病害,影响品质。

各葡萄种群对降水量的要求不同,西欧品种群葡萄,在 4—10 月的生长期内,在原产地地中海沿岸降水量仅 200 毫米,故发展欧洲品种葡萄的地区要求降水量少。美洲种原产美国东南部,产地属夏湿地带,生长期降水量约为 600 毫米,因此本品种适宜在降水量较多的地区栽种。

春夏季节正值葡萄抽梢发叶和开花时期。这一时期,由于土壤含水量及空气相对湿度很高,葡萄的营养器官和结实器官组织幼嫩,加上光照不足,故植株抗病能力显著减弱,黑痘病相当严重。特别在开花期雨水多会影响植株开花、受粉和受精,抗病性弱,花穗受黑痘病侵染可严重减产,甚至无收。7—8 月天气干燥,对果实的成熟有利。

针对雨水多的不利因素,在栽培上可采取相应措施,如采用棚架、篱架栽培,适当加大第一道铁丝与地面的距离,及时开沟排水,中耕松土,或进行地膜覆盖,使葡萄植株既有光照又淋不到雨水。也可在篱架或棚架上空适当高度用农用塑料薄膜覆盖。浙江大学一项试验表明,参试白香蕉品种和对照品种相比,叶大且厚,色浓;枝粗,芽壮,节间长;着果率高,穗大,粒大;没有发现黑痘病;发芽提早,落叶延迟。

3.光照

葡萄喜光,开花期、浆果着色期及成熟期的光照充足与否,对葡萄的产量和品质影响很大。

阴雨天多,日照少,开花前同化量就低。在氮肥多施的情况下,植株叶片肥嫩,新梢松软,节间长,影响上一年已形成的花序原始体分化,使胚珠不发育,对葡萄的正常受粉不利,易于落花,影响着果率。葡萄的成熟期正值高温干旱的盛夏,此期雨水少,日照时数较多,这些都是获得优良品质葡萄的有利条件。

葡萄枝叶繁密,互相遮阴,削弱了光照,容易发生病害。夏季强光直射,常使果实发生日灼现象,这时可采用棚架栽培或篱架栽培避免阳光直射,或进行套袋处理。

4.土壤

葡萄对土壤适应性很强,除重盐碱土外,其他各类土壤上都可生长,尤以含有石砾的黏质壤土及沙质壤土最为适宜。不同的种或品种对土壤酸碱度适应能力不同,如欧洲种不适应酸性土壤而耐盐碱、美洲种及欧美杂交种适应酸性土壤而不耐盐碱,应分情况分别对待。

第二章　葡萄苗培育技术

葡萄苗圃地应选交通方便、地势平坦、背风向阳、排灌良好的平地或缓坡地,地下水位 60 厘米以下、供水方便的地段和田块;土壤要求以土层深厚、肥沃、土质疏松、有机质丰富的沙壤土或壤土为宜。土壤保肥保水和通气透水性良好,利于葡萄苗发根生长。葡萄根系较浅,生长旺盛,需水量大,苗地水源要充足,有条件可装置喷、滴灌设施,设施要沿主道、支道直到畦沟,确保及时供水和排除积水。

大型专业苗圃,应有繁殖区、采接穗母本园,并实行轮作制。小型苗圃,最好有采接穗的母本树、繁殖园,进行轮作。

葡萄苗木的繁殖方法,可分为有性繁殖和无性繁殖两种。

有性繁殖是指由葡萄种子萌发新的植株,称为实生苗。因为不同实生苗有较大的变异,不易保持原品种的优良特性,而且进入结果期较晚,所以除培育新品种外,生产上只采用种子繁殖作砧木。葡萄种子来源多,便于大量繁殖。

无性繁殖是指用原植株的一部分营养器官繁殖新植株,这种植株称营养苗。营养苗不仅能保持原品种的优点,而且进入结果期也早,现在葡萄生产上多采用无性繁殖。营养苗分为自根苗(扦插、压条繁殖的苗)和嫁接苗(砧木来自实生苗)。

近年采用葡萄枝条茎尖组织培养,葡萄试管繁殖是葡萄组织培养应用最多、最有成效和最成熟的一项生物技术。同属无性繁殖。

嫁接葡萄苗砧木来自野生种,具有抗葡萄根瘤蚜等多抗性。培育嫁接葡萄苗是发展葡萄产业的重要途径。

第一节　葡萄实生苗的培育

绝大多数葡萄品种为两性花,既可自交结实,也可进行异品种授粉;极少数品种为雌能花,仅能异品种授粉结实。由于栽培葡萄品种的遗传基础是杂合复杂型,任何杂交或自交后代都会出现广泛的分离,所以任何一代都可以进行优株选择。

播种的实生苗虽变异较多,但劣变较少,生产上常用此法获得大量砧木,进行杂交育种后代的选育。播种用的种子采得后，需洗净，最好混沙贮藏于箱内，因干藏种子寿命仅数月，最多不超过一年。葡萄种子发芽所需的最低温约 10 ℃，在低温条件下，自播种至发芽需 2~3 周；若在温度为 25 ℃、湿度 70%~85%的条件下，则 3~4 日即可发芽。首先从种子的喙部裂开一条小缝，然后伸出胚根，并迅速伸入土中，形成幼根，分生侧根，同时胚轴迅速生长，呈变曲状，出土后直立起来，脱掉罩在子叶上的种皮，形成新的植株。在干燥状态下贮藏的种子，种皮渐趋坚硬，即使在室温下，发芽所需的时间也较长，且发芽率较低。因此，生产上常用温水浸种、冷冻处理或用赤霉素打破休眠等方式，提高生理活性，促进发芽。栽培葡萄品种种子发芽率差异显著：金皇后种子发芽率最高，其葡萄架下实生苗到处可见；巨峰种子不易发芽。一般从播种到出土要 20~25 天，从出土到第一片真叶出现需要 10~15 天，以后叶片的增长随气温上升而加快，7~9 片真叶后出现卷须。如加强管理，当年就有少量开花，第二年有 1/4~1/3 结果，第三年大部分可以结果。

葡萄实生苗根系发达，不仅有主根，而且侧根亦多，生长势强，繁殖数量又大，作为砧木和大苗利用，也是不错的选择。

不论何种用途，葡萄实生苗均需移植到圃地，按适宜的株行距种植，并进行相应的培育管理。

第二节　葡萄自根苗的培育

葡萄枝蔓再生能力强，在葡萄架上，雨季湿度大，在 2~3 年生枝蔓部交接处，常可见幼嫩的白色的根长出来，这种长在空气中的根称"气生根"，它会随气温升高、干燥而枯死。枝蔓压入土中或插入土表，在节部或节间都会长出根并伸入土中，这种根即"不定根"。枝蔓脱离母体后，变成永久性根系，这种植株即自根（苗）树。

实际生产上，葡萄自根苗多采用压条、扦插方法繁殖。

一、压条法育苗

压条法是指枝蔓不离母体，采用埋土方法，使能生根的部位发根，然后切取而成为新的植株。压条法可根据所压的部位高低分为低压（又分普通压条、水平埋土压条）和高压两种。

1.低压法

普通压条常选用靠近地面的 1~2 年生枝蔓,使其呈弓形压入土中,将发根部位刻伤,诱发新根。新根发生后,切断其与母株的联系,即成为单独的植株。葡萄园中补缺株常用此法。

在连接母株的弓形部位,其上的芽应全部抹除,以免在此处发芽抽枝,影响营养输送而致压条失败。压土要逐步加厚,如一次过厚,新梢会因不易露出土面而死亡。

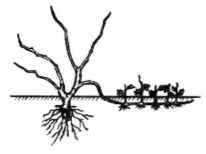

图 2-1 水平埋土压条法

用当年生绿枝进行压条,枝梢基部必须木质化,且长以约 1 米为宜。

水平埋土压条选用母株基部萌发的枝蔓,在春季发芽前,顺枝蔓的方向开浅沟,沟底放入疏松肥沃的土壤,然后水平压入枝蔓,并用小木桩固定,上面逐步覆土使枝蔓盖没,芽仍露出土面,如图 2-1 所示。未埋入土中枝蔓基部的芽应全部去掉,以免其争夺养分。萌芽后随新梢的生长,往沟中填泥,使压蔓每一节都生根,至秋冬挖出压条,按株切断即成多株苗(压条苗)。对不易生根的高档品种采用此法繁殖,可比扦插苗易成活。

2.高压法

对架高、枝蔓不易弯入土中的葡萄树上的枝蔓可采用高压法。高压法是指在树冠部位选择生长健壮、发育充实的结果枝蔓或生长良好的枝蔓,将其基部或老蔓段已发新根处环剥或刻伤,并包扎固定,诱发新根。采用高压法育苗宜选在雨季。具体方法是:在枝蔓基部或老蔓发根处刻伤 1 / 3 左右,使养分集聚在枝蔓上部,促发新根,亦可环状剥皮,宽 2~3 毫米,深不伤木质部。刻伤过度,枝易断裂。环剥或刻伤部位四周包裹苔藓或锯末、沙、吸水物等保水通气有利发根的材料,扎口上部便于吸水,下部多余可漏掉,一般 20 天即可发根。若所压的是营养蔓,则留 50~60 厘米摘心,其上副梢留二叶摘心,以控制营养生长,使枝蔓充实粗壮。若所压的是结果枝,则在果穗的上部留 8~10 叶摘心,以确保果穗营养充足。一旁插立支柱,以免折断,上缚 2~3 道"。。"宽松的空心结加以固定。

在夏季高温干旱前发根较好者,可剪取单独种植,移至圃中,需遮阳,防强光,辅以根外追肥。如若将有果穗的植株移入盆钵中,即成多快好省的高压苗"盆栽葡萄"。

秋季雨水较多,是葡萄根系生长又一高峰,此时进行高压的枝蔓已成熟,发根良好者即可用于建园定植用,其上形成的结果母枝翌年可开花结果。此期进行高压法育苗比春季方便、安全,更易成功。

二、扦插法育苗

取自冬季落叶后木质化硬枝的葡萄插条,称硬枝扦插。取自生长季带叶片的半木质化的嫩枝,称嫩枝或绿枝扦插。

1.插条的采集与贮藏

葡萄的插条采集宜结合冬季修剪,于落叶后进行。此时,枝条中碳水化合物的积累最多,发根率也高。要选择枝蔓粗壮、充实,芽眼饱满,节间长度一致,粗度在0.5厘米以上,髓部不超过直径的1/3,无病虫害和充分成熟的具有该品种特征的一年生枝。这样的枝蔓弯曲时可听到木栓层纤维折裂的沙沙声,且富有弹性。

采集的插条要尽快贮藏,避免长时间暴晒或风干。为便于贮藏,需先对插条进行整理,插条上的卷须、残苗的果穗梗等要剪除干净。插条长度按需要而定,可剪留10芽左右,长50~60厘米,每50~100条扎成一捆,并挂上标签,写明品种名称、采集地点、日期,进行编号。标签可用木牌或塑料牌等,用铅笔写清楚,捆扎牢固,一捆两签(内、外)。

贮藏前,可先将插条浸于5波美度石硫合剂溶液中1~3分钟,取出阴干。宜选朝北排水较好处,或室内阴凉通风的泥地、水泥地,四周用砖块砌围,用沙埋藏。具体方法是:铺10厘米的清洁河沙作底层,将已消毒的插条逐捆按顺序平放或倒竖放,捆与捆之间、插条与插条之间的间隙必须填满沙,以免插条发霉。每放一层插条应再覆一层5~6厘米厚的沙。平放的以2~3层为宜,直立倒竖放的层数随容器而定,一般仅放一层。最上层覆盖15厘米左右的河沙,在室外还应再覆盖防寒或防雨淋的草帘等。贮藏期间温度以1~5℃为宜,河沙湿度以含水量5%~6%为宜。河沙湿度简易鉴别的方法:以手把沙捏成团而不滴水、手平展沙即松散为最宜。如捏成团滴水,手掌平展后沙团不散开,便是过湿,易使插条霉烂;过干则易使插条失水干枯。沙藏期间应每日检查一次,发现过干时要喷水,过湿时应翻动晾干,并掺以干沙,特别要注意防止过湿或因扦插过迟地温上升,造成插条在沙坑内霉烂。

2.扦插前的圃地准备

圃地以土壤结构疏松、通气良好、不积水的沙土、沙壤土或壤土为最宜。开沟作畦，筑苗床，畦向南北，宽 0.8~1.0 米。行向与畦向平行，每畦插四行，以利苗木管理。葡萄扦插苗的土地宜轮作，避免加重病虫害的发生。

3.插条的剪截

选择皮色新鲜、芽眼完好的枝条，剪成具 2~3 芽的插条，上端剪口距芽 1~1.5 厘米。为防止倒插，可剪成比芽略高的斜切面，以示上端。注意剪口距芽不要太近、伤口面勿太大，以免影响发芽和生长。下端则在距芽眼以下 0.5 厘米处平剪。由于下端剪口紧挨节部（以不伤节部横隔膜为度），此处贮藏营养物质丰富，有利于发生不定根和促进基层根的生长。节间距适中的，用双芽插条，其剪法同三芽插条；节间距较长者可用单芽插条。一般多在插条不足或进行良种繁育时才采用单芽插条，但要求苗床条件好、管理精细。

4.插前插穗的处理

插前插条最好进行温床催根。常用药剂催根的加温（地温）催根，方法和嫁接苗砧木培养方法类同。

5.扦插苗的管理

为提高插条成活率，常先用地膜覆盖提高地温，再行扦插。这样苗木根系发达，须根也多。扦插的时期，苏沪浙地区一般在 2 月下旬至 3 月上旬。扦插密度多控制在 1 亩出苗数 1.5 万株左右。当插条萌发出 4~5 片新叶时，表示发根已成活。待苗高 20 厘米时，立支柱（小竹竿）垂直引缚，每条绑"∞"形空心结 2~3 道。发出的副梢留 1~2 叶摘心，促主蔓增粗。期间需注意防治红蜘蛛、霜霉病等病害。

第三节　葡萄嫁接苗的培育

将某品种的枝或芽，接到另一植株的枝干或根上，接口愈合，长成一新株，这个方法称为嫁接。嫁接新株为接穗，老枝根为砧木。

葡萄采用嫁接苗，主要是通过砧木的影响，增强葡萄对根瘤蚜和根结线虫的免疫能力，提高其抗病性。同时，嫁接苗适应性强，抗寒、抗湿、抗旱、抗石灰质等，且可提早结果、增加产量、提高品质。

一、砧木与接穗的相互影响

1.砧木对接穗的影响

（1）对生长的影响。乔化砧能使植株生长高大、寿命长，矮化砧能使植株生长矮小、寿命短。矮化砧的推广应用，是今后葡萄生产发展的方向。

（2）对结果的影响。矮化砧能使葡萄接穗提早结果，提前成熟，早着色、着色好，品质优、耐贮藏、早期产量高。

（3）对抗逆性和适应性的影响。葡萄砧木多采用野生或半野生型，具有广泛的适应性，如抗涝、抗旱、抗寒、耐盐碱、耐酸和抗病虫害等。

2.接穗对砧木的影响

接穗对砧木根系的淀粉、碳水化合物、总氮、蛋白质的含量和过氧化氢酶的活性等有重要影响。

3.中间砧对砧木和接穗的影响

利用矮化砧的茎段，接在乔化砧上，再在上面接葡萄栽培品种，这样，矮化中间砧对接穗可起到矮化和提早结果等作用。以乔化砧做根砧（基砧），可增强植株的抗逆性。中间砧的标准长度要求为15~20厘米，以产生明显的矮化作用。

二、嫁接方法与接后管理

1.接穗的准备

硬枝接硬枝的接穗采集方法可同硬枝扦插一并准备。

硬枝接绿枝的接穗，可于冬季修剪采集一年生枝，茎径0.5~1.0厘米，前期贮藏同扦插的枝条。翌春气温上升至6~8℃时，放入冷库内贮藏（量少可放在冰箱内贮藏），温设3~5℃，枝条保湿。

绿枝接绿枝的接穗必须随采随接，生产上多就近采取。

2.嫁接方法和时期

葡萄嫁接方法有绿枝接绿枝、硬枝接绿枝和硬枝接硬枝等3种。目前生产上广泛应用的是绿枝接绿枝方法，这种方法能充分利用新梢和副梢绿芽与砧木绿枝配套繁殖，加快新品种的繁殖推广。

采用绿枝接绿枝方法,接穗和砧木的新梢必须具有6~8张叶片,砧木嫁接部位和采用的接穗应达到半木质化程度;嫁接成活后新梢要有100天以上生长期,在落叶前新梢基部要有4个以上充分成熟的芽眼。

葡萄嫁接方法主要有劈接、切接、芽接等3种,如图2-2所示。

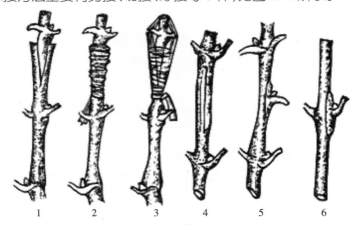

图2-2　葡萄嫁接方法

1,2—劈接;3,4—长切接;5,6—芽接

如图2-3所示为绿枝劈接法。嫁接时砧木留2~4叶,将上部芽眼上方4~5厘米处平削,较粗的砧木在截面七三分劈下,较细砧木在截面中央下刀,深2.5~3厘米。接芽选半木质化,粗细与砧木相当,先在芽上方1厘米处平削,芽下方0.8~1厘米处斜削成3厘米左右长的大削面,再在接芽时对面原开刀点下0.1厘米处向下削成2.8厘米长楔形削面。接穗大削面紧贴砧木劈面插入劈口,一侧对齐砧木,和

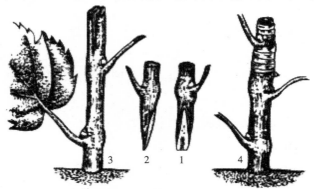

图2-3　绿枝劈接法

1—接穗正削面;2—接穗侧削面;3—砧木削劈;4—嫁接与绑缚

接穗形成层紧贴，插入深度使接穗削面上端露出砧木削面处 2~3 毫米（俗称"露白"），以利于产生愈伤组织。最后用 1 厘米宽的地膜自下而上连接穗削面封顶，再绕缚全部，包扎严密，仅露出芽眼。或用较宽的薄膜带全部包扎密封，以后再在发芽处穿孔，让芽萌发，更有利成活。

提高嫩梢嫁接成活率注意事项：嫁接刀要像单面刀片一样锋利，削得平、劈得垂直，插得服帖、包扎稳不移动。接穗新鲜、不失水，用湿毛巾保湿。嫁接技术熟练，动作要快，包扎严实，防止失水。接后即浇水，晴热高温天气注意遮阳降温。

硬枝接绿枝利用冬季修剪下的硬枝，嫁接到初夏半木质化绿枝砧木上。嫁接前，先将冷藏的硬枝取出放在清洁的水中浸泡 4~8 小时，然后埋藏在湿沙中，过若干天，待芽眼膨大，取已膨大的芽眼枝嫁接，未膨大的芽眼不宜嫁接。因硬枝接穗难削，故宜用嫁接刀，嫁接方法多用劈接法。

硬枝接硬枝砧木和接穗都为葡萄枝条，可在室内嫁接，多用舌接法、劈接法。已种植的砧木或大树更新换种的，可就地嫁接，多用劈接法，也可行切接法。

如图 2-4 所示为舌接法，舌接法多用于室内嫁接，砧木是无根的，称砧杆，接穗硬枝条称硬枝接穗。要求砧杆和接穗粗细大体相似，茎径以 0.7~1.0 厘米为宜。砧杆 2~3 芽，先在顶端芽眼上 2 厘米处向上削成约 2 厘米的斜面，在斜面上部的下方 1 厘米处垂直向下削进至砧杆中部，斜度与上削面一样，再从砧杆顶端中心垂直向下切劈形成一个三角形楔口，这样砧杆舌形切口即完成。接穗芽眼上方 1 厘米处平剪，芽眼下方 1 厘米以下与切削砧杆相同的方法切削接穗的舌形切口，其斜面的斜度和大小与砧杆相同。

将接穗和砧木舌形切口互相对插，并对准形成层，上下挤紧（此法接合紧密，多不行绑扎）后用塑料膜条绑缚，可不露出接芽。待芽眼膨大，用刀片将芽眼上方塑料膜划一小口，新芽即可伸出。嫁接后，若能进行接口愈合和砧杆催根处理，则成活且成苗率更高。

硬枝田间劈接法，有根砧木苗硬枝嫁接宜在苗圃田间进行，嫁接方法与绿枝嫁接的劈接法相同。嫁接期要避开砧木伤流期，以免

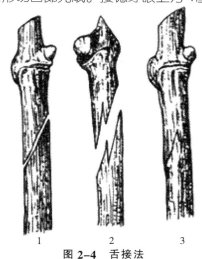

图 2-4　舌接法

1—斜切面；2—舌状切口；3—接好的接木

影响愈伤组织产生。

　　大树(大砧)嫁接,改接良种,树体更新同步进行。砧桩要留高些,并应在砧桩上保留一小枝。嫁接方法与砧木苗硬枝劈接法相同。砧桩劈口应稍深些,接穗应适当粗、长些,可留 2~3 芽,楔形斜削面长度以 3~4 厘米为宜。嫁接后应在砧木近贴地处斜切一刀,深达木质部,作为伤流期"放水口",让伤流由此流出,使嫁接口处少受伤流影响,以利于伤口愈合和接穗成活。

　　接芽萌发长出新梢后,将预留的一条枝剪除。如果嫁接没有成活,则可利用这条枝发出的新梢采取绿枝接绿枝的方法补接,或用隐芽萌发的嫩枝补接,使大树(大砧)换种一年成功。

　　3.接后管理

　　嫁接后,应适时揭去封闭膜,解除接口绑扎膜;及时抹除萌蘖,及时摘心;应搭架扶苗整蔓;注意适时施肥、及时灌排水、松土除草、喷施叶面肥;应保全砧木嫁接口以下原有的营养叶片;注意防治病虫害等。

第四节　葡萄无病毒苗的培育

一、培育的意义

　　长期采用营养繁殖的葡萄,会受到多种病毒的为害,导致植株长势减弱,产品产量降低、含糖量减少、风味变劣。采用茎尖培养与热处理方法培育的无病毒苗,不仅能有效去除病毒,而且能在短期内大量快速繁殖。目前,这项技术已得到广泛应用。此外,培育良种,通过葡萄组织和细胞培养,并配合人工诱变,还可获得无性变异体。

二、培育的方法

1.茎尖培养

　　病毒侵入植株后,会随营养物质输导分布在大部分组织中。一般来说,植株的生长点通常是不受病毒感染的。因此,切下茎尖 1~2 个叶原基进行离体培养,可繁殖无病毒的母株。茎尖离体培养过程具体如下:

（1）分离接种。从田间生长旺盛的葡萄新梢顶端取 1~2 厘米长的茎尖，先除去幼叶，放入 5% 次氯酸钠溶液中浸泡 2~3 分钟，消毒灭菌，然后用无菌水冲洗 3 次，再在 0.1% 升汞溶液中浸泡约 2 分钟后，用无菌水冲洗 4 次。在无菌条件下分离出约 2 毫米长的茎尖，接种到培养基上。

（2）培养基。葡萄茎尖分化培养基为 MS 培养基（无机盐减半为好），同时添加细胞分裂素 1~2 毫克／升、生长素 0.01 毫克／升、蔗糖 2%、琼脂 0.6% 等。

（3）茎尖的分化。葡萄茎尖接种后，成活率较高。接种成活的茎尖 1 个月左右开始分化幼叶和侧芽，侧芽不断增生，2 个月左右形成芽丛。不同品种对细胞分裂素和生长素的反应不同，生长有明显区别，一些如巨峰、大粒白香蕉等品种，由于顶端优势强，侧芽生长势弱，故增殖率低，但成苗率高；另一些如白羽、白雅等大多数品种因侧芽分生能力强，可在幼茎上多次分枝，故成苗率高。

（4）茎尖苗的生长。在茎尖分化培养中产生的茎尖苗，成苗率低且成苗困难。对密集生长的芽丛，可将分化培养基中的细胞分裂素浓度降低至 0.5 毫克／升，同时添加赤霉素 0.2 毫克／升，经 1 个月的培养后，就可长成 2~3 厘米高的幼茎。此外，黑暗处理对幼茎的伸长及提高成苗率，也有明显的效果。

（5）生根与移栽。切取 2~3 厘米长的茎尖苗，接种到 MS 培养基（无机盐减半）进行生根培养，同时添加吲哚乙酸 0.4 毫克／升、萘乙酸 0.05 毫克／升、吲哚丁酸 0.1 毫克／升、琼脂 0.4%。1~2 周后幼苗开始生根。1 个月左右可形成完整的根系，同时具备 5~6 片新叶，生根率在 90% 以上。

（6）移栽。洗去根上的培养基，栽到蛭石（掺泥）内，使根系具良好的通气条件，盖上塑料薄膜，经 7~10 天适应后，可揭去薄膜，移栽成活率在 90% 左右。提高葡萄试管苗移栽成活率要注意：幼苗生长要健壮，要保持空气湿度，根系通气要良好，尽量减少杂菌污染，浇灌的溶液浓度要低。

2.热处理脱毒

经过 35 ℃高温为期 21 天处理的葡萄，取其分生组织进行培养，可以得到无病毒植株。

葡萄无性系处理材料置于 38 ℃人工气候箱内，经 30 分钟处理，较易从枝条尖端或休眠芽中除去扇叶病毒。

将感染材料的休眠芽插入健康指示植物的蔓中，然后在 38 ℃的环境中保持 2 个月，以后取出枝条和接种芽继续生长。

直接将葡萄蔓浸泡在 50 ℃的温水中 10~20 分钟,可以防治皮尔斯病。

第五节　苗木出圃与贮藏(假植)

一、苗木出圃前的准备

对苗木的品种、级别、数量等进行调查统计,编制成册。

根据产苗量及订购量,安排出圃计划及操作规程。与植检部门和运输单位联系,及时起苗、装运,以提高栽植后成活率。

二、起　　苗

葡萄起苗宜在秋末冬初落叶前后进行。

起苗前应先做好准备工作,按不同品种将自根苗、扦插苗、压条苗、不同砧木嫁接苗分别做好标记,以防混杂。

起苗时苗圃地要湿润,以防断根或根部劈裂受伤,同时利于起苗。干燥苗地应在灌水后待土壤湿润时再起苗。

起苗要深挖,以保持根系完好。浅挖易造成断根或大根劈裂。

多品种育苗的苗圃,应分品种逐一起苗。应待一个品种起完后,及时做出起完的标记,运出苗圃暂贮,再起另一个品种的苗,严防混杂。

起出的苗,当天就应假植到预先规划好的假植圃中暂贮。

三、选苗与分级

起出的苗木需要修剪,应先剪掉砧木上的枯桩、细弱萌蘖、破裂根系、过长侧根,以及接穗上未成熟枝芽,然后按苗木等级规格要求进行分级、捆扎。不符合等级标准的等外苗为不合格苗木,需回归苗圃继续培育,不能作为商品苗出售。对一些未嫁接的砧木、未接活的砧木需进行认真选择,应挑出已枯萎的砧木和根系很差、枝蔓极细的砧木,并将可用的砧木苗留到下一年继续培育嫁接。

针对葡萄苗木分级,国家已颁发了相关质量标准。葡萄产区的部分省、直辖市、自治区和一些地级市及县(市)也已制订、实施葡萄苗木分级标准。如表2-1所示为葡萄嫁接苗质量分级标准。

表2-1　葡萄嫁接苗质量分级标准

项目		级别		
		一级	二级	三级
根系	侧根数量	5条以上	4条	4条
	侧根粗度	0.4毫米以上	0.3～0.4毫米	0.2～0.3毫米
	侧根长度	20厘米以上		
	侧根分布	均匀、舒展		
枝干	成熟度	充分成熟		
	枝干高度	50厘米以下		
	接口高度	20厘米以上		
	粗度 硬枝嫁接	0.8厘米以上	0.5～0.6厘米	
	粗度 绿枝高度	0.6厘米以上	0.5～0.6厘米	0.4～0.5厘米
嫁接愈合程度		愈合良好		
根皮与枝皮		无新损伤		
接穗品种饱满芽数		5个以上	4个以上	3个以上
砧木萌蘖处理		完全清除		
病虫为害情况		无明显严重为害		

　　如表2-2、表2-3所示为藤稔葡萄、无核白鸡心葡萄嫁接苗苗木分级标准,分别由浙江省质量技术监督局和浙江海盐县质量技术监督局颁布实施。

表2-2　藤稔葡萄嫁接苗质量要求(DB33/252.2—1999)

(浙江省质量技术监督局)

项目		苗木径粗(毫米)		饱满芽数(个)	成熟度	根系			检疫性病害	非检疫性病害
		径粗	误差			根	粗根			
							条数(条)	径粗(毫米)		
嫁接苗	一级	≥6.0	±0.5	≥4	成熟	发达	≥4	≥3.0	无	轻
	二级	≥5.0	±0.5	≥3	成熟	发达	≥3	≥2.0	无	轻

注:苗木径粗指嫁接口上第二节间,饱满芽数指嫁接口上的芽数,粗根径粗指根基下2厘米处。

表2-3　无核白鸡心葡萄嫁接苗质量要求(DB330424/T 11.2—2002)

(浙江省海盐县质量技术监督局)

项目	苗木径粗(毫米)		饱满芽数(个)	成熟度	根系	检疫性病害	非检疫性病害
	径粗	误差					
一级	≥6.0	±0.3	≥4	成熟	发达	无	轻
二级	≥5.0	±0.3	≥3	成熟	较发达	无	轻

　　葡萄苗木一般分为一级、二级。其中,低于二级标准的苗木不得作为生产性商品苗出圃销售。

　　分级过程中应将苗木捆扎好,10株一小捆。砧木部位及嫁接部位要用两道捆扎带捆扎,不宜用一根捆扎带捆扎,以免在运输贮藏过程中折断嫁接口。

四、苗木检疫、消毒和杀菌

1.苗木检疫

　　苗木检疫是防止病虫害传播的有效措施。苗木运到外省、外县市前,必须经过相关植物检疫部门检疫,检疫合格的苗木方可外运供应。

　　农业部规定的葡萄苗木检疫对象:对国内的葡萄苗木,其检疫对象是葡萄根瘤蚜;对国外的葡萄苗木,其检疫对象是葡萄根瘤蚜、美国白蛾。此外,各地发现的其他病毒在检疫过程中亦应引起高度重视。

2.苗木消毒

　　为防止葡萄根瘤蚜传播,供苗者在出售苗木前应先进行苗木杀虫消毒,种植者(包括从国外购入的种苗、种条)也应对苗木进行杀虫消毒,然后进行杀菌消毒。

　　杀灭根瘤蚜可用50%辛硫磷800~1 000倍液或敌敌畏800~1 000倍液,将苗木在药液中浸泡15分钟,取出晾干即可。

　　杀菌消毒一般在杀灭根瘤蚜后、种植前,用3~5波美度石硫合剂浸泡枝蔓,只要将砧木和接穗部位浸一下即可,根部不能浸,阴干后即可种植。

五、贮藏和运输

(一)贮藏

　　出圃后待售待种的苗木,离种植尚有一段时间,必须进行贮存,时间长点的一定要假植,以免处置不当,造成不必要的损失。冬季少雨低温,更应重视苗木贮藏工作。

1.苗地贮藏

　　在苗圃园内,便于看管。一般开沟深20厘米,宽以苗木根部大小而定。将小捆的苗——斜放在沟边的一侧,根部向南,梢部向北,每捆苗木根部四周均填泥,不能成堆摆放,以免引起根部霉烂。遇冰冻时,其上应覆盖稻草或塑料薄膜,并视情况及时揭除。因开挖的假植沟极易积水,故四周应有开沟排水措施。

2.室内或棚内沙藏

利用现有场地,便于管理。地面先铺一层沙,先将成捆的苗木竖立有序、整齐摆放在沙上,再用沙把其根部填盖住,然后浇水,使沙保持湿润。贮藏期间要经常浇水,不能干燥。室内温度 0 ℃以上时要注意开窗通风,防止室内温度过高。

贮藏(假植)过程中,一些工作人员为省工省时,往往把苗木大捆、大堆地埋,造成苗木根部未能与沙泥密接,导致根部干枯。

购苗者购入苗木后,若离定植还有一段时间,则一定要进行假植。假植前,应先将苗木外的包装物及时拆除,苗木较干燥的,应将苗木喷湿,或将苗木根部在水中浸一段时间,以吸足水分,再行贮藏或假植到地里。

假植、贮藏的苗木,需勤检查,不能过干或过湿,环境温度不能超过 8 ℃,亦不能低于 0 ℃,以确保苗木的生命力。

(二)运输

苗木必须包装完好,运输工具要可靠。一般火车快件托运较有保障,若用汽车运输,则切忌满载重压。

第三章　葡萄建园技术

葡萄是多年生的果树,经济栽培期一般为 20~40 年。因此,建园前园地的选择很重要。建园时要根据葡萄的生长特点及其对自然环境条件的要求,选好园址,搞好规划,结合当地气候条件,选用适宜的优良品种,采用科学的方法进行建园。只有生产出优良的无公害绿色果品,才能取得良好的社会效益和经济效益。

第一节　葡萄园的选择与规划

建设葡萄园时,不仅要考虑种植者所在的区域、气候、土壤等环境条件,还应考虑适宜栽的品种、采用的架式及株行距等因素。

一、园　地　选　择

露地葡萄园适宜大面积集中栽培。建园时,要按自然气候、土壤、水源和交通等因素综合选择无"三废"污染的地方,以利生产。

(一)生态条件

要按照葡萄生长与发育的条件要求,选择气候条件适宜地区建园。

1.光照

光照是热量的源泉,更是葡萄进行光合作用、制造营养物质、供给自身生长与结果的重要因素。我国大部分葡萄产区,光照条件都比较适宜,尤其是西北、华北和东北南部等地,光照充足,温差大,生产的葡萄浆果,色泽好、含糖量高,品质上乘。

2.水分

土壤水分充足,植株萌芽快,新梢生长迅速,浆果的颗粒大而饱满。土壤温度条件适宜是保证葡萄丰产的条件之一,所以葡萄园中必须有灌溉条件。水是一切生物生长不可或缺的一部分,水在葡萄的生命活动中起着重要的作用。首先,营养物质通过水溶解运送到各个器官,因此水是营养物的载体;其次,通过水分的蒸腾作用,可以调节树的温度,促进水、肥的吸收。葡萄若缺失水分,其枝叶的生长量就会减少,引起落花落果,从而影响浆果的质量和数量。值得注意的是,如果葡萄园长期处于缺水的状态,突然下了一场大雨或者被大水灌溉,那么就会造成很多的裂果。另外,水分过多,对于葡萄生长也不好,容易引起植株不必要的徒长,影响枝芽的正常成熟。地势比较低洼的葡萄园,雨季的时候要注意排水。葡萄生长的各个时期对于水分的需求也不尽相同,在早春萌芽期、新梢生长期、幼果膨大期需要有充足的水分供应,这时候土壤的含水量应为 70% 左右;在浆果成熟的前后期,土壤的含水量应在 60% 左右。

3.温度

温度是葡萄生长与结果的必备条件。世界葡萄栽植区多分布在北纬 20°~52° 及南纬 30°~45° 之间。一些较好的葡萄栽植区多在北纬 40° 左右。经济栽培区要求 ≥10 ℃年有效积温不应少于 2 500~3 500 ℃。春季,欧洲种葡萄在 12 ℃左右才开始萌芽,20~25 ℃是葡萄生长结果的适宜温度,开花期气温不能低于 14~15 ℃,浆果生长期气温不宜低于 20 ℃,成熟期气温不宜低于 16~17 ℃。高温对葡萄生长有害,40 ℃以上的高温可使叶片变黄变褐,果实日灼。低温霜害是选择葡萄园址应考虑的问题,春季晚霜可使幼嫩的梢尖、花序受害;北方地区还易受秋季早霜的为害。我国吉林、黑龙江、辽宁、内蒙古、山西等一些地区因受热量的限制,葡萄露地栽植只能栽植早熟和中熟品种。冬季严寒对欧洲种葡萄威胁很大,成熟枝条的芽眼能耐受 −20~−18 ℃的低温,如果 −18 ℃的低温持续 3~5 天,不仅芽眼受冻,而且枝条也将受害。欧洲种葡萄的根系,−5~−4 ℃时即受冻。因此,北方寒冷地区冬季要对葡萄藤蔓进行掩埋。

4.土壤

葡萄根系在中性或略偏碱无污染的沙质壤土中生长较好。因为葡萄根系在土壤中需要氧气,只有具备充足的氧气,葡萄根系才能有良好的吸收功能。因此,要选疏松透气性好、含有机质多的土壤进行建园,对河滩地、盐碱地及瘠薄的山坡地应改良后建园。

(1)河滩地葡萄园。建园前换沙填土,葡萄沟底多铺未腐熟的秸秆,上层施用有机肥,提高土壤保水力和保肥力。

(2)山地葡萄园。深翻扩穴,清除大石砾,填入肥沃的土壤和粪肥。最好修造梯田,或按等高栽植,修好防水壕,防止水土流失。建园后,还应随树体生长逐年扩大树穴。

(3)盐碱地葡萄园。这类葡萄园多分布在滨海和内陆低洼地区,地下水位高,土壤含盐量高,土质黏重,透气性差,早春地温回升慢。建园时,应将地下水位控制在80~100厘米,淡水压碱,做台田、条田排水透碱或暗管排碱,使土壤的含盐量不超过千分之一。盐碱较重的台面上可用黄土加沙掺和有机肥混合换土。

(二)地理位置和交通条件

葡萄的耐贮运性相对比较差,葡萄大量结果后,销售和运输就成了葡萄园管理的一项重要任务。鲜食葡萄的发展大多数是在城镇和厂矿的周围,一般情况下,这些地方的道路比较宽,交通方便,便于运输。也可以选择交通比较方便的农村。如果生产地是距离大中城市和城镇消费市场较远的地区,那么在选择品种的时候应选择耐贮运性能好的品种,如红地球、秋黑等。对于酿酒葡萄,则要求葡萄园建立在离酒厂 20~30 千米的范围内,可以减少运输中造成的损失。如果产地与酒厂相距较远,则可以选择建立发酵站,先将葡萄加工后再运输到酒厂。

二、园 地 规 划

建葡萄园时,无论大小,对园地都要进行科学的规划与设计。同时,要在先进的管理模式下,采用先进的技术,合理利用土地、减少投资,提高浆果质量和产量,创造较好的经济效益。

1.作业区的划分

作业区的面积要因地制宜。平地以 30~50 亩为 1 个小区,4~6 个小区为 1 个大区,小区形状以长方形为好,小区的长边应与葡萄行向一致,便于作业;山地以10~20 亩为 1 个小区,以坡面和沟谷为界线,确定大区的面积,小区的长边要与等高线或梯田壁方向平行,以利于灌排水和机械作业。

2.道路系统

葡萄园的道路规划和设计应根据葡萄园面积的大小而定。葡萄园道路系统一般应由主干道、支道、作业道组成。其中,主干道应贯穿葡萄园的中心部分并与园外相通,一般设计宽 6~8 米,以方便机动车运输。面积小的设一条,面积大的可以有多条且纵横交叉,把整个园区分割成若干大区,支道设在作业区边界,一般与主干道垂直,宽 4~6 米。作业区内设作业道,与支道连接,是临时性道路,可利用葡萄行间空地或田埂。不同路面的宽度应根据地势、面积等,按照方便运输和作业、节约用地的原则来设置。

3.排灌系统

排灌系统是葡萄标准化栽培、生产优质葡萄所必需的园地规划内容。一般排灌渠道应与道路系统密切结合,设在道路两侧。葡萄是需水量大的树种,及时、足量的灌溉是维持其正常生长和果实品质的关键,因此葡萄园应有良好的水源保证。通常的沟渠系统包括总灌渠、支渠和灌水沟三级灌溉系统,按千分之五比降设计各级渠道的高程。现代果园的灌溉系统还应包括喷灌和滴灌系统。特别是滴灌系统,具有显著的节水功效。

葡萄园内的排水系统也是必不可少的,排水系统主要是为了解决果园土壤中水分和空气的矛盾。在地下水位高、雨季可能发生涝灾的低洼地,以及地表径流大,易发生冲刷的山坡地,低洼盐碱地等处的葡萄园,必须设计规划排水系统。排水系统可分明沟排水和暗沟排水两种。明沟排水快但占地面积大且需要经常整修,明沟排水以排除雨季地表径流为主,兼有降低过高地下水位的作用,特别是盐碱地明沟排水兼有通过灌水洗盐的作用。暗沟排水可利用瓦管或用石板砌成,也可先在沟底填入鹅卵石再铺细沙后用土填平成为砾石排水沟,其优点是不占用或少占用果园的土地,不影响作业,缺点是投资较大。

4.管理用房

大型葡萄园的管理用房包括办公室、仓库、生活用房等,一般修建在果园中心或一旁有主干道与外界公路相连处。管护房多建于果园四周;仓库则建在取出或放置物品方便的地方,一般与主干道相连。一些用于观光采摘的果园还建有供游人休息的相关建筑。管理用房占地面积一般不超过葡萄园总面积的 2%~5%。

三、葡萄园的土壤改良

(一)地面深翻

早春时节,葡萄根一般生长比较旺盛,需要充足的养分和良好的透气。北方埋土防寒地区，在葡萄出土的时候，通常会进行一次地面深翻。深翻的定植沟深20~25 厘米，完成之后，要将地面整平，将土块打碎。深翻的时候要注意避开大根系，离根周围 20 厘米内要尽量少翻，保护根系不受伤害。如果秋天的时候没有施肥，那么在深翻的时候还要补施肥料。

(二)中耕除草

葡萄园土壤改良除了深翻之外，还有中耕。中耕一般是防止杂草丛生、疏松土壤的最佳办法。中耕深度一般为 10 厘米，每年在行间和株间进行 2~3 次中耕。另外，在葡萄的生长季节，要保持葡萄园内土壤疏松无杂草，进行 2~3 次行株间除草。如果要使用灭草剂，则应注意药水不能打在叶片上。此外，新的除草剂要经过试验之后才可以大面积使用。

第二节　苗木的定植技术

一、葡萄架的建立

葡萄是一种多年生蔓性植物，它的枝蔓细长并且柔软，生长期间必须要在它的周围设立支架。支架能够保证植物保持一定的树形，并且能够让树叶合理分布，充分吸收阳光，通风透光，还能方便在园地进行一系列的管理工作。

葡萄支架一般分为棚架、篱架、柱式架三大类。

(一)篱架

篱架也叫墙壁式篱架，分为单篱架和双篱架两种。这种架形适宜冬季不防寒或简单防寒地区葡萄园使用。篱架栽植密度大，植株成形快、结果早、丰产早，并且便于机械作业和各项田间管理。

1.单篱架

如图 3-1 所示为单篱架。单篱架一般行距 2~2.5 米，按栽植行设立支柱，支柱上架 3~4 道 8 号或 10 号铁丝，

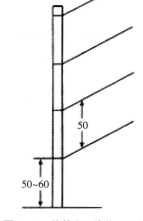

图 3-1　单篱架(单位:厘米)

第一道距地面50~60厘米，以后往上每隔50厘米架设一道。葡萄的枝蔓和新梢引绑在铁丝上，架高1.8~2.2米（埋入地下50厘米未包括在内），株距0.5~1米，每亩合330~666株。单篱架适于长势中庸或偏弱的品种及采用扇形及水平形树形，如玫瑰香、京秀、奥古斯特、玫瑰早、凤凰51等。单篱架的优点是防除病虫、土壤管理、修剪、摘心引绑、采收等方便，大部分作业项目可用机械进行，架面和地面都能接受阳光照射，果实容易着色、品质好，架的两面都能受光，营养面积大，产量高；缺点是植株垂直生长，极性强的品种难以控制。

2.双篱架

如图3-2所示为双篱架。双篱架由两条略向外倾斜的单篱架并列组成，架高1.6~2.2米，双立柱下部间距60~80厘米，上部间距100~120厘米，埋立柱时深度50厘米，架头要向外倾斜，与地面用铁丝加锚石拉紧，架头上部用1根竹竿或横梁固定形成倒梯形。双篱架立柱间距及铁丝分布与单立架相同，苗木定植在双立架中间便于引绑主蔓。双篱架优点是架面大，产量高，适宜长势较旺品种；缺点是通风透光差，各项作业不便。双篱架适宜不防寒土地区应用。

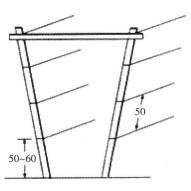

图3-2　双篱架（单位：厘米）

3.T形架

如图3-3所示为T形架。T形架由立柱和横担构成，立柱顶端架设横梁，并与其垂直成"T"字形。

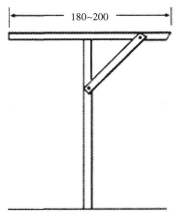

图3-3　T形架（单位：厘米）

T形架立柱以钢筋水泥制成，直径8~12厘米，横梁长1.8~2米（可用钢筋水泥制成，也可用角钢、板铁、钢筋棍或木杆制作）。架高1.8~2米（包括埋入地下的50厘米），也有1.5~1.8米的。将支柱埋在行内植株的后面，柱与柱的距离，一般根据葡萄株行距而定（如株行距为2米×2.5米，柱距为5~7米），两端边柱用铁丝加锚石拉紧。横梁上两端各拉1~2道铁丝，适用"Y"字形树形。T形架架式较低，除可利用地面辐射热外，由于架面窄，还可利用两边空当见光,提高葡萄品质。同时,喷药、摘心、松土等管理工作都比较方便,适宜机械作业。埋土防寒地区或露地越冬地区大面积发展葡萄可采用 T 形架。

(二)棚架

棚架是指在垂直的立柱上设横梁,其上横拉 10~20 道铁丝形成架面,使架面与地面平行或略向上倾斜形成荫棚。按其构造大小及架形不同,分为水平式大棚架(即大面积棚架连成一片)、倾斜式大棚架、连接式棚架、倾斜式小棚架等。

1.水平式大棚架

水平式棚架适合在地块较大、平整、整齐的园田,地块一般不小于 15 亩。每行设一排 10 厘米×10 厘米的钢筋水泥柱,高度为 2.2~2.5 米,因架头立柱受拉力较大,故应设 12 厘米×15 厘米的水泥钢筋柱并向外倾斜式埋入地下以提高拉力。立柱上的横梁由两条 8 号铁丝拧成绳代替,棚面上铁丝间距 45~50 厘米,水平面纵横交织在一起。整个小区的架面连成 1 片或 2~3 片,组成水平式大棚架,如图 3-4 所示。

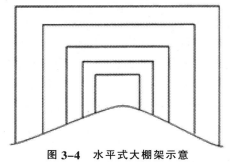

图 3-4　水平式大棚架示意

水平式大棚架的优点是架面平整一致,能节省 40%~50% 的立柱和大量横梁;全架骨架连成一片,牢固耐久,适宜大面积平地或坡地;注意葡萄蔓的走向应与当地生长期有害风向顺行,以防止新梢被大风吹折。缺点是一次性投资较大,梁面年久易出现不平等。水平式大棚架适宜生长势较旺品种,如龙眼、红地球、里扎马特和巨峰类品种等。

2.倾斜式大棚架

倾斜式大棚架指由多个倾斜式棚架连接在一起组成 1 个连棚架。其架根柱高 1~1.2 米,架梢柱高 2.2~2.5 米,架长 7~10 米,架中部每隔 4 米设置三根立柱。在立柱上设一顺梁,在顺梁上每隔 40~50 厘米横拉 1 道铁丝,全架拉 14~20 道铁丝,组成倾斜式大棚架,如图 3-5 所示。这种架式应用较广,在平地、坡地、山地都可采用。其优点是能充分利用空间,增加经济收入;缺点是在北方冬季防寒地区上下架不方便。倾斜式大棚架适宜冬季不防寒或简易防寒地区,注意宜选用长势较强的品种,如龙眼、红地球等品种。

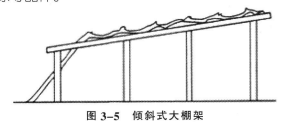

图 3-5 倾斜式大棚架

3.连接式棚架

如图 3-6 所示为连接式棚架。连接式棚架架长可随地和栽培面积而定,架宽随葡萄栽植行距而定,一般为 6~7 米。架形呈倾斜式向前爬行,一般坡度为10°~20°,坡度太大时枝蔓先端优势过强,后部易形成瞎芽或光秃。架杆中,架根1.2 米,架中 1.3~1.5 米,架梢 1.5~1.8 米,每亩需要 65~70 根水泥柱。柱的粗度以12 厘米×12 厘米为宜,每根水泥柱承受面积为 9 平方米左右。水泥柱的制作长度为地面高度加上埋入土中的 30~50 厘米(风大而多的地方可埋 50 厘米),然后以8 号铅丝连接成 40~50 厘米的纵横网格,葡萄的枝蔓顺网格进行引绑。每亩栽植60~80 穴,每穴 2 株,每株 1 蔓。用短梢修剪,主蔓成多条爬在架面上。连接式棚架的优点是架面大,果穗垂下向阳,架面下可见光度好,有一定的倾斜度,葡萄树势不易早衰,操作比较方便,特别是梯田坡地更为适宜。

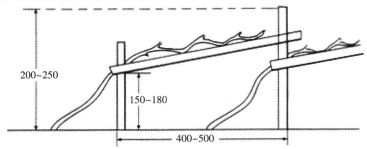

图 3-6 连接式棚架(单位:厘米)

4.倾斜式小棚架

如图 3-7 所示为倾斜式小棚架。倾斜式小棚架架长 4~5 米,根柱高 1~2.4 米,架梢柱高 1.8~2.2 米。在架头两端及每间隔 3~4 米都设有架杆,其上每隔 45~50

厘米横拉一道铁丝,共拉 8~10 条组成小棚架面。小棚架的优点是架短、植株成形快、管理方便、结果早、通风透光、产量稳定、果实品质好。小棚架在我国南北地区应用广泛,适宜选用长势中庸的香妃、87-1、玫瑰早、玫瑰香、奥古斯特等品种。

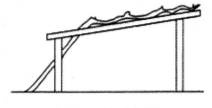

图 3-7　倾斜式小棚架

(三)柱式架

柱式架是葡萄架中最简单的架式,柱式架就是先在葡萄的旁边立一根短木或者竹竿,支架与树形的高度相似,然后头状整枝、短梢修剪。一般来说,干高 0.6~1.2 米,主干的顶端着生枝组和结果母树,让新梢自由生长,不加束缚,等到主干粗壮到可以支撑整个树体全部重量的时候,就可以去掉临时性支架,然后进行没有架式培植。柱式架在过去欧洲葡萄产区曾经广泛使用,现在依然保留。柱式架虽使用方法简单,但产量低、成熟晚,不适合下架防寒地区,在我国国内的应用很少,目前已经逐渐被淘汰。

二、苗木的准备

判断越冬的苗木是不是好苗,主要看的是它的根系有没有发霉。发霉的苗木根系用手一撸皮就会脱落下来,皮层不发皱,被风干之后,它的皮层就会收缩发皱,用刀削芽眼和苗茎后,断面颜色鲜艳。合格的葡萄苗木一般要有 6 条以上 2~3 毫米的侧根和较多须根,苗茎的直径在 6 毫米以上而且要全部木质化的,同时有 3 个以上饱满的芽眼;整个植株要求没有病害也没有风干,且应色泽鲜艳等。嫁接苗的砧木要符合要求,同时嫁接口应完全愈合没有裂痕。

苗木在栽种前要进行必要的处理。首先,要进行适当的整理,剪去枯枝和过长的根系,根系留下 10~15 厘米;其次,要把苗木放进 1 200 倍多菌灵药液中浸泡 6~10 小时杀菌,使根部充分吸收水分,最后栽种。为提高苗木的成活率,可以把苗木放到室外荫棚内埋根部进行催根和催芽,同时分期分批选择已经发生萌动的芽眼、根部已经长出愈伤组织和幼小根茎的苗木,将芽眼不萌发和萌发无望的苗木剔除。

三、苗木的定植

(一)栽植时间

葡萄苗木定植时间主要是春秋两季,春季在4—5月份,秋季在10—11月份。葡萄栽植时间应根据各地气候视情况而定。在我国山东、河南、黄河故道和山西南部地区,以秋末冬初栽植较好,从11月上旬开始到12月上旬结束,这样,可使植苗或插条根系或伤口与土壤密接时间长,有利于伤口愈合和第二年生长。河北、山西北部至内蒙古、辽宁、吉林等寒冷地区,春栽成活率高,这些地区的冻土层均在1~1.5米左右,秋季栽苗易受冻害。春栽时间,应在4月下旬至5月上中旬,这段时间气温稳定上升,土壤温度多在10~15℃,有利于插条生成、组织愈伤,迅速发生新根。

(二)栽植密度

一般情况下,篱架葡萄行株距为(2~2.5)米×(0.6~1)米,每亩栽植266~555株;棚架葡萄行株距为(4~6)米×(0.8~1)米,每亩栽植177~210株。另外,北方地区较南方稍密一些,生长势中弱的品种较生长势强的品种稍密一些。

(三)苗木准备

无论是自育苗还是购买的苗木都必须是检疫合格的苗木。在我国,葡萄苗木主要检疫对象是葡萄根瘤蚜和美国白蛾。对检疫合格的苗木,栽植前要进行根系处理及消毒,以避免病虫害传播。一般于定植前1~2天取出苗木,先剪去运输及贮藏过程中的伤根,再剪去根尖露出的白色部分,以利于新根的生长,一般根系剪留长度应大于20厘米。然后用清水浸泡12~24小时使苗木充分吸水,再根据苗木感染病虫的种类,对症应用消毒剂。

(1)敌敌畏处理。使用80%敌敌畏600~800倍液,浸泡苗木15分钟,捞出晾干备用。

(2)辛硫磷处理。使用50%辛硫磷800~1 000倍液,浸泡苗木15分钟,捞出晾干备用。

（3）硫酸铜处理。用 1∶100 倍的硫酸铜溶液，浸泡苗木 15 分钟，捞出晾干备用。

（4）用针对性杀菌剂。针对葡萄具体病害，采用相应的药物浸泡苗木杀死病菌。

敌敌畏和辛硫磷处理主要针对虫害，包括葡萄根瘤蚜和美国白蛾等，硫酸铜处理和用针对性杀菌剂主要针对葡萄病害。也可以根据具体情况采用杀虫剂加杀菌剂的综合防治方法，达到苗木消毒的目的。

（四）定植方法

1.移栽定植

按设计好的行株距，挖 30~40 厘米深宽的栽植坑，施入少许磷酸二胺或其他速效氮肥，用土拌匀。将消过毒的苗木放入坑中，使苗木根系要向四周舒展开，不要圈根，需防寒地区，小苗枝蔓统一斜向下架防寒方向。覆土时要分层覆土，当填土超过根系时，可用手轻轻提起苗木抖动，使根系周围不留空隙，然后填土至坑满，踩实，嫁接苗覆土高度至嫁接口 3~5 厘米处，扦插苗根茎部以与栽植沟面平齐为宜。栽后灌透水一次，待水渗后再覆土。在干旱或风大地区栽苗后在苗木顶部用土堆成高 4~5 厘米、直径 15 厘米左右的小土堆，以防芽眼抽干。隔 5~7 天再灌水一次，有利于苗木成活。有条件的最好采用地膜覆盖，以利于提高地温和保墒，促进根系生长。

2.直插定植

葡萄直插建园是近年我国北方葡萄产区广泛采用的一种不经过育苗阶段，而将插条一次性插定于植株栽植穴中，直接培育成苗的一种快速建园方法。直插定植由插条到建园一次到位，方便简便，在管理良好的条件下，苗木生长迅速健壮，一般第二年即可开始结果。

（1）挖好栽植沟。一般是按栽植行距要求，先挖好宽 0.6~0.8 米、深 0.8 米的定植沟，沟底填入切碎的玉米秸秆，然后再用混合好的表土与有机肥将沟填平，并灌 1 次透水使沟内土壤沉实。

（2）整理插植带。待插植沟内表层土壤略干不发黏时进行整地，气候较干旱的地区可在定植沟内做平畦，即按植株行距要求将定植沟内土壤翻锄、整平，做成宽度为 60 厘米的平畦，以利苗期灌水，而在土壤气候较为潮湿的地方可做宽度为 40~50 厘米的垄或高畦。无论是垄或畦，地表一定要细致整理。定植地杂草较多时应在整地时喷洒 1 次除草剂。为了保证良好的育苗效果，促进苗木健壮生长，直插建园时定植带应铺盖地膜，膜的周边用细土压实。

（3）决定正确扦插时间。直插建园开始时间一定要适合。插植过早，地温过低插条不易萌发；而扦插过晚，气温升高较快，插条上的芽易萌动而根生长滞后，也易形成萌发后生长退缩现象。根据多年观察，我国华北北部地区在土壤覆膜条件下直插建园开始时期以 4 月中旬为宜，而华北南部则应略早，华中、华南地区在 3 月下旬至 4 月初即可进行。

（4）插条剪截与催根处理。直插建园多用长条扦插，即一个插条上至少要保留 2~3 个芽眼。插条长，插条内贮藏养分就较多，有利于插条发根和幼苗生长。为了保证直插建园的效果，对插条应进行催根处理，方法与前述方法相同。

（5）扦插方法。直插建园将育苗与定植一次进行，在扦插时一要注意扦插密度，二要注意保证有足够的成苗率。为了保证直插建园的植株密度，在扦插时可按规定的株距在定植沟的覆膜上先用前端较尖的小木棍在扦插穴上打 2~3 个插植孔。为了保证每个定植穴上都有成苗的植株，一般每个插穴上应沿行向斜插 2~3 个插条，插条间距离 10 厘米，形成"八"字形，插条上部芽眼与地膜相平，扦插后及时向插植穴内浇水，水略渗后即用细土在插条上方堆一高约 10 厘米的小土堆。堆土对促进插条成活有十分重要的作用，在春季干旱的华北、西北地区更为重要。

（6）插后管理。一般扦插后 15~20 天插条即可开始生根和萌动，对少数未萌动的可小心扒开覆土进行检查，防止嫩芽被压在地膜下或上部芽眼未萌而下部芽抽生。检查后要及时用细土再次覆盖。多年实践表明，只要插条健壮、芽眼饱满、方法得当，直插建园成活率均可保证在 85%~90%。

四、定植后的管理

葡萄苗木栽后管理十分重要，重栽轻管常会导致巨大损失：轻则幼苗长势弱，病虫为害严重，重则可能导致幼苗死亡。因此，要加强葡萄苗木定植后管理，争取达到全苗、长势壮，为早期丰产奠定基础。

1.肥水管理

刚栽植的幼苗要注意保持土壤湿润，若发现土壤干旱，一定要及时灌水。早春地温较低，灌水要适量，不宜过大，以湿透干土层为准，否则易使地温过低，不利于幼苗根系生长。肥水管理是葡萄早期丰产的关键技术,当新梢长至 25~35 厘米时,在距苗 30 厘米处开环状沟追施尿素,一般每株施用 10 克左右,并结合土壤墒情进行浇水,浇水后及时松土。由于定植苗根系较小,用于吸收营养元素也相对较少,因此要勤追少施,年追施 3~4 次即可。追肥时间可 20~30 天一次,前期以追施氮肥利于植株生长为宜;进入 7 月份以后以追施磷钾复合肥为主,以利于花芽形成和枝条充分成熟。随着苗木的生长,开沟要适当外移,并根据苗木生长情况酌情增加施肥量。追肥后要及时灌水、松土、中耕除草。

2.立架扶直

葡萄苗木管理良好时生长十分迅速,因此要及时立架、扶直。若因特殊原因一时不能完成立架工作时,可采用插竿扶直或立简易杆等措施引缚枝条直立生长,促进枝条健壮、及早成形。

3.除萌定枝

当嫩梢长至 3~5 厘米时,要加强定植苗木抹芽、定枝、摘心等工作。嫁接苗要及时抹除嫁接口以下部位的萌芽,以免萌蘖生长消耗养分,影响接穗、芽眼萌发和新梢生长。当新梢长至 20 厘米时,要根据栽植密度和整形要求进行定枝,选择粗壮的留下,并引绑在杆上以防风大折断,多余的枝芽剪除,使营养集中加速枝蔓生长。

4.绑条、摘心

当苗长至 10~12 片叶时要及时绑条,随长随绑。当苗木长至 1~1.5 米时,要及时进行主梢摘心和副梢处理,首先要抹除距地面 30 厘米以下的副梢,其余副梢要留 1~2 片叶反复摘心,当主梢长度达 1.5 米时再次摘心。根据当地气候及架式,主梢摘心长度可适当延长,如棚架葡萄在南方,主梢可以在 2~2.5 米时摘心。通过多次反复摘心,可以促进苗木加粗、枝条木质化和花芽分化。

5.病虫害防治

苗木定植后,应及早防治地下害虫和早期叶部病害,这是保证建园苗木健壮生长的关键。苗木发芽前后防治金龟子,可用 800 倍敌百虫液拌上切碎的青菜叶作毒饵,于傍晚时撒在幼苗周围诱杀;防治霜霉病,可用 40%乙磷铝可湿性粉剂 300 倍液或 25%甲霜灵 600 倍液均匀喷布叶背和叶面,能有效防治霜霉病的发生。另外,也可从 6 月中旬开始每半月喷 1 次 200 倍等量式波尔多液进行防治。

6.冬季修剪

冬季修剪可在枝条充分成熟,直径在 0.8~1 厘米的部位剪截(结合整形要求决定剪留长度）。主梢上抽发的副梢粗度在 0.5 厘米以上的，可留 1~2 芽短截，作为下年的结果枝。同时，应清除落叶枯枝、杂草，并结合冬剪剪除带菌枝条。

7.埋土防寒

我国北方地区冬季严寒，葡萄园区冬季要进行埋土防寒。覆土厚度因地区而异，一般不少于 20~25 厘米，并浇足防寒水。

第三节　葡萄园的改造与更新

一、葡萄园的改造

随着栽培年限的延长，葡萄品种的老化、树势衰弱、产量降低、经济效益下滑是不可避免的问题。这其中既有历史的原因，也有人为的因素。历史问题主要指传统的栽培品种、栽培方式、管理措施等落后，不能有效地利用土地增加经济收入；人为问题主要指对市场的需求缺乏预见性，盲目选择名优特新品种栽培，对当地气候、土壤等条件，品种的适应性、抗寒性、抗逆性、耐储运性等未能充分了解。除此之外，还有葡萄园选址不当、栽后管理不善等问题，导致必须更新改造。

改造措施具体有以下几点。

（1）树体整形改造。对部分品种因不适应当地环境气候条件而形成的"小老树""低产树"等，除要求加强土壤改良、增施有机肥料、有效防治病虫害外，还要求从树体的底部平茬促发强壮新梢，重新培养树形，或在原有主蔓上选一个强壮新梢作为延长梢，以增强树势，促进生长；中耕除草，促进根系生长，提高根系的吸收能力；加大冬季埋土的范围、厚度，力争经过 1~2 年改造，提高葡萄园的产量和质量。

（2）树势衰弱的葡萄园，通过各种管理措施延缓其衰老程度，重点是控制产量，提高树体营养生长水平。在生长季节阶段的树体管理上，进行抹芽而不是单纯的疏枝。当树势衰老后，需要及时进行更新，具体措施是：一是将衰老的枝蔓疏除，利用其下部冒出的徒长枝进行更新（疏除老蔓造成的伤口要用药物处理，以免从伤口处感染蔓枯病等），徒长枝生长旺盛，只要精心管理，很快就可以培育成新主蔓；二是利用枝干下部的萌蘖枝有计划地培养新主蔓，进行更新。

（3）对一些新引进的名优特新品种，因不适应当地气候环境条件的进行改接换头,或重新种植建园。

(4)培肥土壤,促进根系生长,增强根系的吸收能力。冬季要加大埋土的范围、厚度,防止发生冻害。

(5)行间更新。树龄在 5 年左右、行距较宽(4 米以上)的葡萄园应进行行间更新。具体做法:冬剪时对原葡萄植株进行疏剪,除去衰弱有病的植株,留下的健壮植株尽量少留芽,同时在原葡萄行间开沟施入农家肥,灌冬水。春季在原葡萄行间开沟处栽上更新幼苗,最好用嫁接苗,刚栽 1~2 年老品种和新栽幼苗同时生长,待第3 年将老品种全部挖除,利用新栽品种进行结果。这种更新方法是在不影响当年收入或影响很小的情况下进行的,种植户比较容易接受。但应注意,行间距小于 3 米的老葡萄园不能采用这种更新方法。

二、葡萄园的更新

葡萄嫁接更新是指把淘汰品种的主蔓去掉,利用其发达的根系,将一些名优特新品种嫁接在植株上,使之成为新的品种。葡萄嫁接更新一般采用硬枝或绿枝嫁接的方法。

(一)硬枝嫁接

硬枝嫁接适宜的时间在葡萄伤流前后,选择充分成熟、芽眼饱满、无病虫害的1 年生枝条进行。硬枝嫁接成活率较高,新梢生长量大,有利于当年枝蔓满架。

1.高、低位嫁接

原有种植品种和更换的品种亲和性好,本身抗逆性强,适于作砧木,可以采取改接换头的方法更新品种。高位嫁接适于树龄在 10 年左右、树势较旺且 1 米以下枝蔓无损伤、无病虫为害葡萄园的更新,低位嫁接主要适于树龄大于 10 年、树势衰弱或枝蔓太粗不易埋压或枝蔓有机械损伤、有病虫为害葡萄园的更新。

2.嫁接方法

硬枝嫁接可采取室内嫁接和室外就地嫁接两种方法,通常于早春进行。其中,室内嫁接可采用舌接法,也可采用嵌接法、劈接法,室外田间只能采用劈接法或切腹接法。室内嫁接可用机器进行,我国目前主要采用人工嫁接。

(1)劈接法。田间供劈接的砧木在离地表 10~15 厘米处剪截,在横切面中心线垂直劈下,深 2~3 厘米。接穗取 1~2 个饱满芽,在顶部芽以上 2 厘米和下部芽以下 3~4 厘米处截取。在芽下两侧分别向中心切削成 2~3 厘米的长削面,削面务必平滑,呈楔形。随即插入砧木劈口,对准一侧的形成层,并用塑料薄膜带将嫁接口和接穗包扎严实,暂不露出接芽。在接芽萌发前,在芽上方,用刀片将包扎带划破 1 个小口,以便新梢伸出。供室内劈接的砧木有砧木种条(砧杆),或带根砧苗。无根砧木种条的长度为 15~20 厘米,有 2~4 节。接穗长度 5~6 厘米,留 1 个饱满芽。无论用哪种砧木,其嫁接方法均与田间劈接相同。

(2)舌接法或嵌接法。这两种嫁接方法中,由于砧、穗削面为完全相同的"舌"形,或"凹凸"形,田间人工操作较为困难,故只适宜在室内进行。要求砧木和接穗粗度大体相同,直径以 0.6~1.0 厘米为宜。

舌接法:砧木长度 15~20 厘米,接穗长 5~6 厘米 1 个芽。在砧木顶端一侧,先由上向中心削长约 2 厘米的斜面,再从顶端中心垂直下切,与第一刀形成的斜面底部相接,切下一个三角形小片,出现第一个"舌头"。然后,在砧木的另一侧,由下向中心削一个与前一削面相平行的斜面,切去另一个三角形小片,出现第二个"舌头"。至此,砧木的"舌"形切口即告完成。用同样方法切削接穗的"舌"形切口,其削面的斜度和大小与砧木上的相同。最后,将接穗和砧木上"舌"形切口相卡,并对准形成层,上下挤紧,舌接法即完成。

嵌接法:削面为平面,切口垂直,呈阶梯形,砧杆和接穗的阶梯形切口相互凹凸,大小相等,彼此嵌合紧即成。

用以上两种嫁接法和室内砧杆劈接法嫁接后的接条,需进行接口愈合和砧杆催根处理。方法是接条垂直摆放在愈合箱中,箱底部和接条之间填充湿锯末,接穗上部芽眼露外。愈合箱放在火炕或电热线温床上,加温到 25~28 ℃。15~18 天后,当接口开始愈合、砧杆出现根原体或幼根时,停止加温。锻炼几天后,即可移植到苗圃。

(二)绿枝嫁接

1.嫁接时期

接穗和砧木当年生绿枝达到半木质化状态,即刀削后稍露白时即为嫁接最适时期,一般 5 月下旬至 6 月下旬均可进行。绿枝嫁接时间确定的原则是:嫁接成活后,新梢应有 90 天以上的生长期,枝条能正常老熟。

2.接穗的准备

准备采集接穗的优良品种植株,萌芽前要充分灌水施肥,发芽后尽量多留枝,以促发较多的接穗枝条。接穗应选取新梢中上部芽眼充实的绿枝,夏季修剪时剪下的健壮副梢是良好的接穗材料。剪取的绿枝接穗,要随采随用。对已采集的接穗摘去叶片后宜保留少许叶柄,包在湿毛巾里,以保持接穗的新鲜。如需远途运输,可存放于装有冰块的保温瓶内。

3.砧木准备

砧木选用粗度和接穗大致相同的幼苗或强壮新梢,主要利用平茬后基部发出的健壮萌蘗,也可利用当年扦插苗做砧木。实际生产中,为了促使砧苗粗壮,可在砧苗长出 4~5 片叶时进行摘心处理。

4.嫁接方法

可参考前述硬枝嫁接方法。

(三)嫁接后管理

嫁接后必须加强管理,以达到优质丰产的目的。如果管理不善,那么即使嫁接成活了,最后也会前功尽弃,甚至毁坏砧木,得不偿失。所以,葡萄种植不能仅仅满足于嫁接的成活,还必须进行及时认真的管理。

1.除萌蘗

嫁接成活后,砧木上会长出许多萌蘗。为了保证嫁接成活后新梢迅速生长,不使萌蘗消耗大量的养分,应该及时把萌蘗除去。

2.解捆绑

进行葡萄绿枝嫁接,大多使用塑料条捆绑。塑料条和塑料套的优点是能保持湿度、有弹性、绑得紧,其缺点是时间长了会影响接穗及砧木的生长。一般当新梢长至 30 厘米左右时要及时解除接口上绑扎的塑料条,防止影响枝条加粗生长,但要注意不能过早解除绑扎物,以免影响嫁接苗木的成活。

3.立支柱

苗木嫁接成活后,由于砧木根系发达,接穗的新梢生长很快,但是这时接合处一般不够牢固,很容易被大风吹折。所以在风多的地方,为了防止风害,要采用立支柱的方法,把新梢绑在支柱上。立支柱一般在松塑料条的同时进行,在靠近砧木处插入 1~2 根立柱,把新梢绑在支柱上,绑时注意不要太松或太紧,太紧会勒伤枝条,太松则起不到固定的作用。立支柱固定接穗生长出的枝梢,是一项非常重要的工作,要提前准备好用作支柱的竹竿、木棍等,以提高苗木嫁接后的保存率。

4.新梢摘心

为了控制苗木过高生长,当嫁接成活后,接穗新梢生长到 40~50 厘米时,要进行摘心。摘心可以控制枝梢徒长,促进枝梢成熟,提高树体越冬防寒的能力。摘心工作可以进行 2~3 次,即反复摘心。

5.防治病虫害

后期葡萄园的白粉病、霜霉病常较严重,而且主要为害幼叶,必须加强对病虫害的防治工作,以有效保护幼嫩枝叶的生长。

6.加强肥水管理

嫁接后的植株生长旺盛,喜肥需水,应及时施肥、灌水,以促进嫁接苗木的生长。特别是叶面肥的补充,一般每 7~10 天喷施 1 次 0.2% 的磷酸二氢钾或叶面宝等叶面肥,连用 3~4 次,以促进枝条老熟,保证树体安全越冬。

(四)注意的问题

(1)选择亲和力好的品种作为更新品种,要求嫁接后品种的当年生长量在80~150厘米之间,且成熟度较好,以保证安全越冬。

(2)掌握绿枝嫁接的时期,是嫁接成活率的重要保证。同时,注意嫁接的高度。我国北方冬季寒冷,部分地区葡萄枝蔓需要下架埋土,嫁接部位过低,嫁接口容易劈开,因此嫁接适宜的高度即砧木剪留高度应该是 30~40 厘米。为保险起见,到第2 年葡萄出土后可以采取压蔓的方法将嫁接部位压入土中, 深度与压蔓补株的深度相同,以防止葡萄根系受冻、受旱。

第四节　观光休闲葡萄园的建设

一、葡萄观光园区的规划设计

葡萄观光园规划设计的内容主要包括以下几个方面:具有观光性能的观赏区,可以品尝葡萄、鲜榨葡萄汁美味的休闲娱乐区;体验农作、了解葡萄生产、享受乡土情趣的农情体验区;展示葡萄文化,具有科普性能的科普馆或科普园;贯穿整个葡萄园的葡萄观光长廊以及让人们感受葡萄食文化的葡萄餐厅等。

1.观赏区

栽植果实美观漂亮的葡萄品种,搭设丰富多彩的葡萄架式,建成各种各样的葡萄景点,使之达到赏心悦目的效果。让游客欣赏青碧玉、红玛瑙、金琥珀、紫水晶、绿翡翠等颜色各异,手指形、圆形、椭圆形、鸡心形等形状百态的葡萄品种,给他们以"恰似世间珍宝竞美,疑是繁星洒落天堂"的感觉,满足人们视觉的享受。

2.农情体验区

将葡萄文化渗透进入们的休闲方式中。栽植不同的葡萄品种,让游客缴纳一定的费用,成为会员,认养一株或多株自己看好的葡萄树,并给葡萄树起上一个名字;生长季节,游客在节假日、星期天可以随时来体验区对葡萄进行管理,亲手施肥、浇水、摘心、抹杈等,了解葡萄的生长管理过程,体验劳动的辛苦与快乐;收获的季节,游客还可以亲手摘下成熟的果实,享受丰收的喜悦。

3.休闲娱乐区

葡萄园内的休闲娱乐区应栽植棚架葡萄,而且架面要高,方便游客活动。娱乐区最好是封闭状态,可避风遮雨,无论天气状况如何,都可照常接待。葡萄架下,适当安置适合观光旅游的休息设施,摆上供游客品尝的玫瑰香、草莓香、茉莉香、荔枝香等各种香型美味的葡萄品种、鲜榨葡萄汁,以及自酿的葡萄酒。让游客远离城市繁华的喧嚣,摒弃蜗居闹市的拘谨,"偷得浮生半日闲"。

4.科普展览区

科普展览区可以实物、图片等多种方式展示葡萄的相关知识。葡萄的分类、葡萄的品种、葡萄的营养价值、葡萄的药用价值、葡萄的加工产品、葡萄的生产流程、葡萄的历史传说等,只要能想得到的与葡萄有关的文化都可以在这里展出。

5.葡萄观光长廊

葡萄长廊是葡萄观光园不可缺少的组成部分,也是联系其他区域的纽带。一条迂回曲折有建筑特色的葡萄长廊本身就是一个观光景点。同时,还可以做一些有关葡萄文化的展示牌,使整个园区显得更有灵气。葡萄长廊还是一个较大的生产园,其产量与经济效益都相当可观。一条长1 500米、跨度10米的葡萄长廊其经济效益相当于20亩葡萄园地。

6.葡萄采摘园

采摘园对于偶尔到葡萄园来观光、休闲、娱乐的游客来说非常重要,他们虽不想体验管理的过程,但想体验丰收的喜悦,享受亲自动手采摘的快乐。这一区域要按照适合采摘的要求来设计,可以是棚架,也可以是篱架或V形架,甚至是不用架材的葡萄树。

葡萄好看就是艺术,好吃就是文化,正所谓"秀色可餐"。有条件的地方,可以建一个葡萄餐厅,把葡萄的食文化融入其中。游客在观景之后,来一壶用葡萄叶或葡萄根制成的有机葡萄茶,上几个葡萄特色菜如葡萄虾仁、葡萄芽炒土鸡蛋、葡萄酸汁肥牛等,一瓶红葡萄酒,一份葡萄水饺——美景、美酒、美食,充满诗情画意,让游客乐在其中。

在观光园里建一个小酒堡,栽植上酿酒葡萄,把葡萄酒的生产过程、葡萄酒文化进行充分的展示。葡萄酒是奢侈的酒、享乐的酒、太平盛世阳光下的酒。葡萄为人类提供了一种全新的饮料,也为人类社会的生存和发展提供了幸福的源泉。对于现代人来说,饮葡萄酒这是一种美好的享受,葡萄食文化为人类创造了一份不小的财富。

二、葡萄观光农业发展的典型

1.山东大泽山葡萄观光园

大泽山葡萄观光园是平度市政府立足实际,整合葡萄、旅游两大优势资源,外抓招商引资,内抓基础设施,迅速发展起来的休闲观光农业园。观光园总面积94平方千米,辖34个行政村,3.2万从业人口,3万亩葡萄园。

观光园包括五龙埠、天池岭、芝莱山三大园区。其中,五龙埠园区以发展各种各色的葡萄为主,景点上实施亭、池、潭、廊等的组合,是一个以葡萄为主的农业观光园区,在此基础上,投建了若干个别墅式民俗氛围浓厚的葡萄管理、品尝接待站,以供游客参与管理、就地食宿、体验果农丰收的喜悦。泽山湖南岸的天池岭周围则重点开发建设度假村,村内建花园式的葡萄系列加工厂、娱乐休闲城,各种风格的民俗村及葡萄种植园和百果园,沿湖建有亭榭、钓台、游泳场等,以接待中外游客前来游览观光、休闲及召开各种会议。芝莱山园区则建了一个大型的葡萄品种苑,向游客展示国内外最优良的、各式各样的葡萄品种,并重修战国烽火台,恢复一段古驿道,兴建古驿站,修建岳石文化博物馆、民俗村,集购物、食宿、娱乐于一体的仿古商城,弘扬历史文化,重现历史旧观。三大园区各具特色,各有千秋,既相互连接,构成一幅大画卷,又独树一帜,自成一景。

据统计,观光园年接待游客 60 万人次以上。2011 年葡萄产量达到 2 万吨,实现产值 4.2 亿元,农民人均纯收入 1.3 万元。大泽山葡萄观光园被评为全国休闲农业与旅游示范点。

2.上海马陆葡萄主题公园

坐落在上海市嘉定区马陆镇东北角的"马陆葡萄主题公园",始建于 2005 年 3 月,占地 0.3 平方千米,总投资 4 000 余万元。主题公园以葡萄为依托,采用现代农业设施栽培技术,着力向游人展现"情侣葡萄园""采摘葡萄园""观赏葡萄园""水上葡萄园""葡萄盆景园""葡萄长廊""葡萄科普园""葡萄科普馆""水果花卉园""垂钓中心"十大景观,形成一个集科研、示范、培训、休闲于一体的农业观光园区,充分展示了田园风光与现代农业的魅力。2006 年,马陆葡萄主题公园被评为"全国农业旅游示范点";2008 年 5 月,马陆葡萄公园被评为"上海市科普教育基地",2009 年升级为"全国科普教育基地";同年,公园又被评为"国家 AAA 级旅游景区"。2011 年,到葡萄主题公园采摘观光的游客达 10 万人,近 20 万千克"传伦"牌葡萄"足不出户"在马陆葡萄公园内售罄,销售价格达到 80 元 / 千克,仅葡萄一项收入就达到 1 600 万元。在这里,葡萄观光农业的效益得到了淋漓尽致的体现。

3.青岛葡萄大观园

青岛葡萄大观园位于大泽山滋阳湖畔,面积 0.15 平方千米。大观园南依始皇拜月的芝莱山,北邻岳石文化发祥地,是山东省鲜食葡萄研究所对外展示的重要载体。园内植有金手指、摩尔多瓦、维多利亚、巨玫瑰等各具特色的有机葡萄百余种,还有葡萄长廊、葡萄博物馆、百年葡萄树、葡萄酒坊、葡萄采摘园等,是一个集科研、科普宣传、文化展示、休闲娱乐等多种功能于一体的生态文化场所。

当人们告别喧嚣的城市,抛开日常的繁忙,进入青岛葡萄大观园,可以漫步在壮观的葡萄长廊,享受葡萄历史与文化的盛宴,见证大泽山葡萄 2 000 多年的栽培历史与品种演变;登上南面的芝莱山,遥想始皇拜月的情景;远眺北面的淄阳湖,寻找岳石文化的足迹;可以欣赏各种颜色、各种形状的葡萄,青碧玉、红玛瑙、金琥珀、紫水晶,五彩缤纷,圆形、椭圆形、手指形,林林总总;可以品尝各种不同风味的葡萄,玫瑰香味、草莓香味、茉莉香味、蜂蜜香味、桂花香味……还有中国最甜的金手指葡萄；可以参观全国首家鲜食葡萄博物馆，了解葡萄的起源与分布、栽培与管理、品种与种类、营养与健康等众多的科普知识；还可以参观有 110 年树龄的"龙眼"葡萄树，倾听她的历史传说；冬天还可以欣赏淄阳湖里美丽的白天鹅……所有这些，令人飘飘欲仙，流连忘返。不用到处寻觅，这就是世外桃源！

葡萄大观园 2010 年接待游客 3 万余人次，销售巨峰、玫瑰香等葡萄 5 万千克，价格 20 元／千克，销售金手指葡萄 1 万千克，价格 100 元／千克，销售收入约 200 万元。

第四章　葡萄园的土肥水管理

第一节　土　壤　管　理

土壤管理的主要目的是使土壤保持良好的状态，从而保证植株根系的良好发展。良好的土壤管理能够增加土壤里面的有机质含量，提高土壤的肥力并能够去除杂草，从而达到增收、减灾和节支的目的。

一、清　耕　法

清耕法又叫耕后休闲法，是指果园里面全年进行除草松土，使土壤保持没有杂草并且疏松的状态，但是不种植任何的作物，因此叫作清耕法。

清耕法具体的做法是让幼龄的葡萄树树盘休闲，让成龄的葡萄园全部休闲。在一年内多次除草，保证土壤的疏松状态。这种管理方法，有利于控制杂草的生长，减少对土壤中水分和养分的消耗，同时使地面保持通风，增加空气中的二氧化碳。春季的时候松土，地温增长比较快，切断毛细管之后有利于土壤水分的存储。夏季松土可以避免雨水使表层土板结，有利于透气。常年中耕除草，不仅能使土壤透气好，而且能够加快有机质的分解，有效养分比较多。清耕休闲的不足之处在于对土壤表层结构的破坏比较重，可使土壤的有机质和腐殖质矿化加强。长期应用清耕法，可以使土壤有机质迅速减少，如果补充跟不上的话，最后会导致土壤结构变差、肥力下降。早春的时候，在葡萄萌芽之前，根系开始活动，此时要结合催芽肥，视情况及时对全园进行浅翻垦，深度一般 15~20 厘米，也可采用施入肥料沟的方式，以达到疏松土壤的目的。此时的翻垦有利于土温的提高、根系的发展和营养吸收。

二、地 膜 覆 盖

用地膜覆盖园地，可以减少地面水分的蒸发，防止水土流失，同时可稳定土温、温度。但是用地膜覆盖容易造成葡萄的根系上浮。在我国北方地区，葡萄的根系要加强防寒，南方干旱的地区则要加强灌水，这样可以防止因土壤干裂而致葡萄表层断根。地膜覆盖主要有以下几个作用。

1.提高早春地温

地膜覆盖的园地，白天阳光透过地膜透射进来，使地温升高，地膜能够有效阻止地面热量向膜外散射，这样地温下降的速度较没有地膜覆盖的地表慢，从而使地温上升。地温较高时，能够促进根系提前生长、使植株提前萌芽，从而使果实提前成熟，抢占市场先机。试验表明，地膜覆盖栽培的植株比常规栽培的早成熟大约5天。

2.防止土壤水分蒸发

覆盖上地膜的土壤水分蒸发以后遇冷会变成小水珠又还给土壤，从而使地膜覆盖土壤能够较长时间地保持温度，土壤中的水分可保持相对的稳定。地膜覆盖是一种行之有效的保持土壤水分的方法。

3.减少病虫害的发生

白腐病和霜霉病等病菌可以在土壤里面过冬，地膜覆盖时，由于地膜的阻隔，土壤里的病菌不能随着雨水飞溅到植物上去，有效抑制了病害的发生。银灰色膜还可以驱避蚜虫，减少蚜虫以及病毒病的传播。

4.改善土壤团粒结构

促进土壤中养分的分解和有机质的矿化，进而提高土壤的肥力。覆膜后，土壤的增温保湿使微生物活跃，从而加快了有机质的分解，使土壤中的养料比不覆膜时显著增加，特别是土壤中的硝态氮同比可增长43%~89%。

5.避免杂草丛生

覆膜之后，可以在一定程度上阻止杂草的生长，节约劳动力。

6.提高产量和果实品质

通过地膜覆盖，可以使葡萄产量提高10%左右。有条件的葡萄园区，还可以选择银色反光膜，促进果实着色，提高果实品质。

三、生 草 栽 培

生草栽培是指在葡萄园的行间进行人工种草或者自然生草，这是在国外比较流行并广为采用的管理方法。生草栽培的优点就是生草之后，土壤不仅不用耕作，而且还可以保护地表的土不被水冲刷，防止水土流失，改善土壤的理化性状，增加土壤有机质，促进土壤团粒结构的形成。另外，生草还可以调节地面温度。

生草的种植可以全园进行，也可以在行间进行。常用的生草草种主要有紫云英、毛叶苕、三叶草、野燕麦、绿豆等。葡萄园中采用生草法之后，一定要注意及时施肥和浇水。因为草强大的根系能够截留水分和肥料，容易导致葡萄树的根系上浮，进而出现跟生草争水、争肥等问题。另外需要注意的是，要结合草的生长情况进行刈割4~5次。

四、合 理 间 作

一般葡萄园的管理采用清耕法比较多，即每年在葡萄园内进行多次除草。这样做的好处是能够很好除去杂草，保持土壤的通透性，加快矿物质的分解和利用，有效减少虫害。但是，如果长期采用清耕法，则不仅会破坏土壤的团粒结构，而且会恶化土壤的理化性质，不利于土壤的矿物质积累和肥力的培养。另外，在山地和丘陵地带，清耕法容易造成水土流失和产生风蚀。因此，应该将清耕法和种植行间作物、地面覆盖、种植绿肥等方法结合起来进行。

因为幼龄葡萄园的覆盖率低，所以可以在行间种植根浅、低矮的作物。葡萄成龄后，葡萄园可以种植一些绿肥作物，也可以种植一些耐阴的药材、食用菌等，以有效提高土地的利用率，增加物质生产和经济效益。

选择种植间作作物的时候要注意选择矮小且不遮葡萄光的作物，且生育期要短。要充分利用好时间差，注意勿让作物与葡萄产生剧烈的水分和养分竞争。另外，还应注意作物不能跟葡萄有共同的病虫害，防病毒药也不能相互伤害，要有较高的经济价值。

一般间作作物可以选择灌木、果树苗、中药材类、食用菌等，也可以选择瓜类、草莓、苕子、田菁、绿豆、薯类、花生等。间作作物和葡萄定植点应相距0.5米。注意，在葡萄开花或者是浆果着色的时候,间作作物应尽量不要灌水,以免影响葡萄的坐果和着色。

五、免　耕　法

免耕法是指对土壤不进行耕作,主要利用除草剂来消灭杂草的方法。土壤免耕之后,地面上就会形成一层硬壳,在干旱的情况下能够形成龟裂块,在湿润的时候能够长出一层青苔。但是,因为这层硬壳的表层并不向深层发展,所以免耕法可以保持土壤的自然结构。当植物的根系进入土壤表层的时候,土壤微生物同时也在活动,逐步改善土壤的结构。土壤的容重增加,非毛细管孔隙减少,土壤中就会形成连续持久的空孔隙网,使土壤的透气性得到改善,水分渗透也随之有所改变。免耕法的优点是高效快捷、节约劳动力、降低成本;它的缺点是除草剂污染土壤,并且肥料不容易补充。化学除草的方法有很多种,有的可以直接喷在茎叶上,有的可以喷到土壤上。因为不同的除草剂有不同的效果,所以在选择除草剂的时候也要慎重。

六、地面覆盖杂草

秋耕或春耕之后,在树行下或者是稍远的地方用杂草或者秸秆覆盖地面,可以保持水土、抑制杂草丛生。同时,覆盖物分解腐烂后成为有机肥料,还可改良土壤。地面覆草主要有以下六个优点。

1.地面生态环境稳定

可以将土壤表层的水、肥、生物、气、热等五大肥力因素从不稳定的土层变成生态最稳定层,进而增加根系集中分布的范围。这种优势对于底土为黏土、岩石或地下水位过高的果园来说尤其重要。

2.提高土壤含水量

覆草后,地面蒸发受了抑制,土壤的水分得以保持。同时,覆盖草之后土壤的团粒结构也可得到不断改进和提高,这样对水也起到了间接的保护作用。地面覆盖杂草不仅使土壤的含水量增多,而且使水分的分布保持了稳定。

3.促成土壤团粒结构

覆草后,因为草的腐烂分解而使有机质能够不断增加、微生物活动频繁、腐殖质积累增加,这些均有助于团粒结构的形成,进而可以对土壤的表层结构起到保护的作用。

4.土壤温度稳定适宜

试验表明,覆盖上草的土壤夏季温度不会太高,冬天温度不会太低,温差变化比较小,整个土壤表层都处于植株根系生长的适宜温度内。

5.增加土壤养分

地面上覆盖了草,草的分解为土壤提供了有机质和腐殖质,促进了微生物的活动,使土壤中的营养成分明显增加。

6.防止泛盐

地面覆草使地面蒸发受到抑制,下层可溶性盐向土表上升、凝聚减少。在干旱的季节,根系分布层中的盐分减少,可使盐害减轻。同时,在山地果园地面覆草还可以防止水土流失,对杂草生长起到抑制的作用。

拥有优点的同时,覆草也有它的不足之处。地面覆草可以使根系的分布相对集中在上层,这样根系容易受到冻害和寒害。因此,在采用此方法时一定要注意通过深翻等措施加以调整。

七、葡萄园的化学除草

葡萄园里面的杂草种类有上百种之多。其中,以牛筋草、蟋蟀草、羊草、獐茅、稗草、马唐等为主的禾本科植物单子叶杂草为最,约占总数的 50%;以蓼、蒿、苋、蓟为主的双子叶杂草也不在少数。另外,还有 20 多种分布广、生长茂盛的恶性杂草。具体来说,它们的生态群落可以分为海滩沙荒型、平原型、丘陵坡地型、河流故道沙荒地型等。

葡萄属于双子叶植物,它的叶片对于苯氧乙酸类除草剂(即激素型除草剂)如 2,4-D 特别敏感。试验表明,在距离葡萄园 200 米的地方使用除草剂,除草剂微粒在空中漂移或者弥散,葡萄的茎、叶、新芽上面都会出现不同程度的伤害。其中,受害最明显的就是幼芽,幼芽会扭曲、颜色变浓,并且向外翻形成拳头的形状或者是扇子的形状,在成长的过程中会慢慢枯萎死去。

目前,可以用于葡萄园里面的除草种类很少。在实际操作中,葡萄园里使用化学除草剂主要用于苗圃除草和定植沟内除草,大多于生长初期喷施。花生、棉花、豆科作物经常使用的甲草胺、粗禾草克、拿扑净等,可以在葡萄园内安全使用,其他的则不能。除草剂及其使用方法和性能具体如下。

1.甲草胺

又名拉索,属于葡萄园选择性苗前除草剂,水溶性比较差,能溶解于多种有机溶剂,不大容易挥发和光解,没有残留,不会影响下茬。主要通过植物的芽鞘被吸收到植物体内,能够抑制植物体内蛋白酶的活性,影响蛋白质的合成,进而杀死杂草。植物受害之后,根的生长受到抑制,次生根明显减少,地上面的部分也停止生长,心叶逐渐扭曲卷动,导致脆弱不能正常生长而死亡。甲草胺可以防除马唐、画眉草、鸭舌草、藜、稗草、狗尾草、马齿苋等杂草。对金属没有腐蚀作用,但是容易对人和牲畜产生低毒。人在接触的时候,皮肤上会产生刺痒的感觉,可有轻微的红肿。

使用的方法是首先把园地耕平,保证表土细平湿润,这样可以减少用药量。然后在杂草种子萌发前,把甲草胺喷在土壤的表面,使药液在土的表面形成一层药膜。这样,杂草种子在发芽的时候,接触到药剂就会死亡。喷药后尽量不要破坏土表药膜。经过 15 天之后再次喷洒药物,效果更佳。最后在经过处理的葡萄园中定植生根的葡萄苗。每亩使用 43% 乳油 0.5 千克,加水 50~75 千克,充分搅拌融合后喷于土表。也可以把甲草胺喷洒在葡萄园的定植行内,定植以后,用地膜覆盖,以达到杀草、保墒、提高苗木成活率、促进植株生长发育的目的。这种方法主要应用于地膜覆盖扦插培育葡萄苗园地。具体方法是:在细致平整的垄背上,先喷上水,然后喷上甲草胺药液,再覆盖上地膜,然后扦插葡萄枝条。地膜覆盖可以有效抑制禾本科杂草。

2.精禾草克

又名精喹禾灵,剂型为 5% 乳油。为选择性除草剂,有 95% 以上高效杀除作用,不会对葡萄造成伤害,主要对茎叶起作用。精禾草克进入植物体内后,可抑制杂草体内细胞脂肪酸的合成,最后导致杂草腐烂而死。精禾草克可以杀死育苗床上或营养钵中营养土混带的禾本科杂草,如狗尾草、稗草、白茅、马唐、牛筋草、千金子等。使用浓度为 800~1000 倍,用背肩式喷雾器喷洒就可以了。一般使用 5~7 天,杂草就会变成褐色或者紫红色。

3.烯禾啶

又名拿捕净,剂型为 12.5% 或 20% 乳油。烯禾啶是选择性除草剂,其除杂草的原理及使用方法同精禾草克,主要去除禾本科杂草,对葡萄没有伤害。主要对茎部进行处理,浓度为 800~1 000 倍。施药 5~7 天后杂草的幼叶变成紫红色甚至腐烂死亡。相关试验表明,用 400~500 倍液可以杀死育苗棚内尺余高的芦苇。

4.高效氟吡甲禾灵

又名高效盖草能,剂型为 10.8% 乳油。主要去除禾本科杂草,常被用于花生、大豆、棉花等作物的除草,对葡萄安全。高效氟吡甲禾灵主要是在春季使用,但是效果没有精禾草克和拿捕净好。常见的浓度为 800~1 000 倍。

5.地乐胺

又名又丁乐胺,剂型为 48% 粉剂,是苯胺类除草剂的一种。使用时,将地乐胺 0.5 千克加水 2.5~5 千克,充分和细沙 20~30 千克拌匀,再把拌和好的毒土撒在定植沟内,若加覆地膜,则效果更好。地乐胺可以除去苗期的杂草,常用于地膜花生、土豆、水稻旱种及果树苗圃。

葡萄园内使用化学药剂一定要谨慎,操作的时候也要细致,不能盲目施用。对于除草剂的选择也要特别注意。一些激素型和触杀型除草剂不能使用,如除草醚、百草枯、乙草胺、砷酸钠、五氯酚钠、2,4-D 等。要选择对双子叶植物安全的内吸传导型除草剂,如甲草胺、地乐胺等。在使用的时候应操作仔细,注意保持地面药膜,还要注意保持地面的湿度,从而增加除草的效果。施用除草剂一般要先进行试验,然后再用,以避免损失。

八、土 壤 深 翻

土壤深翻是土壤管理的重要内容。葡萄园地若选择在贫瘠的山坡、沙荒地或黏重土壤地段,在建园的时候应及时对定植沟内的土壤进行深翻改良。但是,因为定植沟以外的大部分土壤都没有成熟,所以葡萄根系生长幅度局限在定植沟的范围之内。为了创造一个适合葡萄根系生长的土壤环境,需要在葡萄定植后的最初几年,对定植沟以外的生土层进行深翻熟化。

1.土壤深翻的作用

葡萄是喜肥喜水作物,根系比较发达,对葡萄园地的土壤深翻熟化能够起到以下作用。

(1)改善土壤的水、热、气等状况。深翻的时候追施肥料,不仅能够疏松土壤,而且能够改善其板结的现象,对上中下三层土壤都能起到作用。另外,深翻压绿还能够增加土壤的孔隙度,降低容重,增加有机质,保证土壤保肥保水的能力,使土壤成为葡萄的养料库,为葡萄的丰产打下基础。

(2)通过深翻,可以使葡萄根系显著增加,使根深深地扎进土里,扩大了根系的吸收范围,促进根系生长。

(3)有利于树枝的增长和产量的提高。生产实践表明,通过深翻,葡萄树体无论是树梢的生长量还是叶幕层的体积或者是单株的产量,都有明显提高。

2.深翻范围

一般是在定植后的开始几年进行,先与深施肥结合起来,然后逐渐扩大深翻的范围,最后达到全园的深翻。深翻的深度要深,一般深翻50~60厘米。棚架如果行距大,可以适当深翻,如果行距小,也可以适当浅耕。在翻地的时候要注意,新沟和旧沟既不要重叠,也不要距离太远,以免影响根系的生长。

3.深翻时间

不同地区因为不同气候、不同品种的差异,深翻的时间也不一样。北方地区的冬天比较寒冷、春季干旱,此时深翻并回填土地,容易使土壤内葡萄根系受冻或因为土壤的干旱影响葡萄的生长发育。秋天的时候,地上部的树芽等器官生长比较缓慢,体内的营养物质正在贮藏,对肥水的要求比较大,这一时期雨水比较多、温度也比较高,种种条件有利于根系的愈合。此期深翻土地,同时结合施入有机肥可以补充树体一年的生长结果对营养物质的消耗,有利于枝条的成熟和花芽分化。因此,在秋季葡萄采收后结合秋季施基肥对土壤进行深翻是最恰当的时间。南方地区气候比较温暖,降水量也比较多,秋冬春三季都可以进行深耕改土。

4.深翻方式

根据地形和土壤等实际情况选择适合的方式。

(1)深翻扩穴。先待葡萄幼树定植后几年,然后再向外深翻扩大栽植,起到全部的树都翻遍为止,这种方式适合劳动力比较少的葡萄园。因深翻扩穴每次深翻的范围小,需要3~4次才可以全部深翻,故每次深翻的时候最好配上有机肥料。

(2)隔行深翻,即翻一行隔一行。山地和平地的葡萄园种植方式不一样,深翻的方式也不一样。在等高撩壕的坡地葡萄园和里高外低的梯田葡萄园,第一次先在下半行进行比较浅的深翻施肥,第二次的时候可在上半行深翻,先把土压在下半行上,再追施有机肥。深翻要和整理梯田有机结合。平地葡萄园则要隔行深翻,并分两次进行,每次只翻一侧,这样对葡萄生育的影响比较小。行间深翻有利于机械化操作。

(3)全园深翻。全园深翻是指把栽植穴以外的土壤一次性全部深翻完毕。全园深翻虽需要很多人力,但是有利于果园的耕作。

采取何种深翻方式,应根据葡萄园的具体情况灵活选用。一般来说,小树的根系小,一次深翻不会伤根太大,不会影响整体的树体。但是成年的树根系已经遍布全园,最好采取隔行深翻。山地葡萄园深翻方式则应根据坡度以及面积的大小而定,要注意便于操作。

5.深翻方法

在山上石头多、平川土壤黏性重的葡萄园里深翻,应该考虑用客土法,即把优质的沙壤土或者是园田土拌上有机质、有机肥等填充到深沟里面,使土壤彻底更新。其他的葡萄园则可以根据建园的时候改良土壤的方法进行。

6.深翻注意事项

(1)深翻扩穴的时候,一定要注意与原来的定植穴打通,要打破"花盆"式透水难的穴。采用隔行深翻的时候也要注意使定植穴与栽植沟相通。

对于撩壕栽植的葡萄园,应该隔行深翻,并且要先于株间挖沟,以使穴沟和原来栽植沟相互沟通,并且能够与坎下排水沟相通,这样可以避免原栽植沟水涝问题。这种方式尤其适于黏重土果园,既可以深翻改土,也可以达到排涝的目的。

(2)深翻的时候一定要注意和施有机肥结合。深翻时,将地表成熟土和下层的生土分开堆放,在回填的时候要加入大量的有机物和有机肥料。生土和碎秸秆、树叶等粗有机物质分层填入底层,同时适量加入石灰、熟土、有机肥、磷肥等,混合均匀之后全部堆积在根系的中层。每翻 1 立方米土加施 20~40 千克有机肥。

(3)深翻的深度主要是根据土壤的质地决定的。地下水位较高的土壤要浅挖,避免与地下水连接造成伤害;黏重土壤应该深挖,并且在回填的时候要增加沙土;山地果园深层为沙砾时也要深挖,这样可以挑拣出更大的砾石。

(4)深翻的时候要尽量避免伤到植株的根,其中以不伤骨干根为原则。如果遇到大根,首先要挖出根下面的土,将根露在外面,然后再用湿土覆盖。如果伤了根,则应注意根系露在外面的时间不宜过长,以免干旱或者阳光直射造成根系干枯。

(5)深翻之后,立即使土壤和根系接合,以免引起旱害。

第二节 肥料管理

葡萄为多年生植物,每年都需要从土壤里吸收营养元素。葡萄园需要及时施用肥料来恢复和提高土壤的营养力,保证葡萄能够及时、充分地获得营养,提高产量和品质。

一、肥料种类及作用

葡萄在生长的过程中需要的营养物质很多。其中,最重要的是氮、磷、钾、镁、锌、铁、硼等,要及时给葡萄补充这些营养物质。

1.氮

葡萄在生长和结果的过程中,对氮的反应最为敏感。缺少氮肥的时候,葡萄的叶片颜色浅,叶子单薄而且小,新梢生长虚弱且纤细,节间短,落花落果严重,花芽、花序分化不良,产量下降。若氮肥过多,则可能会引起枝条、枝叶过大,坐果率低,成熟期延迟,着色不好,花芽分化不好,容易遭受病虫害,枝条的芽眼成熟不充实,冬季容易受到冻害。葡萄从生长开始就需要吸收氮肥,从叶子伸展到开花这一时期对氮肥的需要量很大,以后逐渐减少。因此,在施加氮肥的时候要遵行葡萄生长期的规律,为葡萄的生长打下坚实的基础。

2.磷

磷的作用是能够促进葡萄浆果的成熟和花芽的分化。葡萄在生长的一年之中,一直在不停地吸收磷,其中以新梢旺盛和浆果成熟的时候吸收最多。

3.钾

钾可以促进果实成熟,提高含糖量,促进花芽的分化和枝条的成熟,同时能够提高树体的抗性。葡萄在生长初期对钾肥的需求量较少,在生长后期对钾肥吸收和需求量则增大。

4.镁

葡萄缺少镁的时候,新梢的顶端就会出现水浸状,叶脉间也会出现黄化现象,不过叶脉依旧是绿色,叶片变小,严重的时候新梢中下部会脱落。治疗葡萄缺镁要把握好时机,一般从6月开始,每隔10~15天喷一次2%的硫酸镁。根据发病程度连续喷3~4次即可治愈。

5.锌

葡萄缺锌的时候,新梢的节间会变短,叶片少,叶脉间叶肉黄化,严重的时候形成干枯脱落,果穗上形成大量的无核小果。缺锌的葡萄叶片的顶端反应最敏感。梢尖锌含量为 3~11 毫克 / 千克时即为严重缺锌，含量为 16~20 毫克 / 千克时为轻度缺锌，含量在 20 毫克 / 千克以上表明植株发育正常。

6.铁

葡萄在缺铁的时候容易出现黄化症状,叶片变黄,叶脉绿色,严重的时候整个新梢都会变成黄色或者黄绿色。一般的葡萄园不会出现葡萄缺铁的现象，但是过酸、过碱的土壤上则会出现这种现象。

7.硼

葡萄缺硼的时候除会引起落花落果、降低坐果率外,叶边缘还会变黄、节间变短。在一些土壤比较贫瘠的地方,葡萄容易出现缺硼的症状,此时应要注意给植株补充硼肥。

二、施肥时期及方法

1.基肥

施基肥时间主要是以秋季为主,且最好是在秋季葡萄采收之后开始施加基肥,也可以在春季葡萄出土上架之前进行。基肥的主要成分是有机肥,有机肥的作用时间比较长,肥料的效果缓慢而且稳定。

施用方法:一是在地面撒施,首先在地面表土上挖出 10~15 厘米的一层,把肥料均匀地撒在地面,然后再深翻 20~25 厘米厚的一层,这样可以把肥料翻进土壤里面，最后用表土回填，也可以先把腐熟的优质有机肥直接撒在地面上,再深翻 20~25 厘米。二是每年在栽植沟两侧轮流开沟施肥,并且每年施肥沟要逐渐外扩。一般在距离植株基部 50~100 厘米的地方,挖宽、深各 40 厘米左右的施肥沟里,按每株 50 千克、每亩 5000 千克以上的施肥量,将肥料均匀地撒在沟里,用土拌好,最后再填余土,同时灌水。施肥的范围主要是根部,但是要注意不能损伤大根。

2.追肥

葡萄园中仅仅依靠基肥远远不能满足葡萄生长和结果的需要，因此要在适当的时候进行追肥。一般追肥用的肥料都是速效性肥料,如人粪尿、硫酸铵、尿素、磷酸二铵、碳酸氢铵等。葡萄在追肥的前期主要以氮肥为主,施肥的时候应该浅施,可以在两株葡萄之间开挖一个浅沟施加肥料,覆上土之后立刻灌水,也可以在快要下雨的时候,把氮肥直接撒在地面上,氮肥遇到水之后就会溶解到土壤里面。葡萄生长中后期要以追施磷、钾肥为主,因为磷肥的移动性相对较差,所以在施肥的时候要先挖开一条深沟,然后再施加。另外,在葡萄园里可以施加人粪尿或者鸡粪,这些肥料随着流水可以均匀地分布在地面上,利用率也比较高,同时还可以起到改良土壤的作用。除了给土壤追肥外,还可以用浓度为 0.3%~0.5%尿素、磷酸二氢钾等对植株叶面进行追肥。

第三节 灌水与排涝

一、灌 水

葡萄在生长的过程中需要充分灌溉。如果葡萄生长时水分缺失,则葡萄的各个组织和器官的发育就会受到阻碍,进而影响光合作用,最终影响葡萄的产量和品质。要注意在土壤缺少水分的时机适当补充水分,以促进葡萄生长,提高葡萄的质量和产量。即使葡萄的抗旱能力强,也不能使其缺少水分,在年降水量低于 400 毫米的地区或者是雨量较少的干旱季节,要对葡萄园进行充分灌溉。

葡萄的灌水期是根据葡萄的物候期、当地降水量和土壤的含水量等来决定的,并不是根据葡萄的外在形态显示缺水的状态。一般来说当田间持水量低于 60%时,就预示着葡萄水分亏欠。但是否需要补水,还要看此时葡萄的物候期和当地当时的天气情况。如果是在葡萄生长的前期,则因此时的水分要充足,故应该及时补充水分,保证葡萄的顺利结果;如果已经到了葡萄生长的后期,则需要控制水分,让葡萄停止生长,从而使它进入休眠时期,做好越冬的准备。

1.灌水量

葡萄的灌溉量主要是根据园区土壤的结构和性质决定的。一般来说,适宜的灌溉量是使葡萄根系附近的土壤温度达到植物成长发育的程度,而不是多次滋润表土层。多次滋润表土层既不能满足葡萄根系对水分的要求,又容易使土壤板结降低温度。因为一般成龄的葡萄根系多集中分布在离地表 20~60 厘米的地方,因此在灌水的时候要浸润 60~80 厘米的土壤,同时要求灌溉的时候要注意地下水位的深度,避免灌水和地下水相连,防止返盐;沙地灌溉的时候要注意保证它的肥料和水分,要分多次灌水,避免营养流失。春季浇灌的时候,水量要适量,根系湿透即可,灌溉的次数要少,避免地温降低;夏季浇灌的时候要注意天气,避免灌溉完之后遇上大雨,浪费人力、物力,得不偿失。

2.灌水方法

(1)沟灌或畦灌。这是葡萄园传统的灌水方法。沟灌是指在葡萄园行间开灌溉沟灌水,沟深、宽各25~30厘米,或利用葡萄栽植畦,进行沟灌或畦灌。其优点是省工,水可直接渗入根群土层;其缺点是浪费水分,易造成土壤板结,需加以改进。目前,沟灌仍是不少地方的主要灌溉方法。

(2)喷灌。是指把灌溉水喷到空中,使之成为细小水滴后再落到地面,像降水一样的灌水方法。喷灌起源于20世纪30年代,20世纪50年代以后迅速发展。目前,发达国家在农业生产上越来越多地应用喷灌。喷灌相较传统的地面灌溉有许多优点,但因受果树树冠高大和株行距的限制,喷灌目前在中国果园应用很少。

(3)滴灌。是指利用葡萄园灌溉系统设备,把灌溉水或溶于水中的化肥溶液加压(或地形自然落差)、过滤,先通过各级管道输送到果园,再通过滴头将水以水滴的形式不断地湿润果树根系主要分布区的土壤,使其经常保持在适宜果树生长的最佳持水状态。完整的果树滴灌系统由水源工程和滴灌系统组成。其中,水源工程包括小水库、池塘、抽水站、蓄水池等。滴灌系统是指把灌溉水从水源输送到果树根部的全部设备,如抽水装置、化肥注入器、过滤器、流量调节阀、高压阀、水表、滴头及管道系统等。

(4)渗灌。渗灌工程主要包括蓄水池、阀门和渗水管等。根据灌溉面积的大小,管道可分设干、支、毛管3级。一般一个面积5~10亩的葡萄园,需修建一个半径1.5米、高2米、容水量13吨左右的圆形蓄水池和一级渗水管。塑料渗水管长100米、直径2厘米。每隔40厘米在渗水管的左右两侧及上方各打1个(共3个)针头大的渗水眼孔。渗水管上安装过滤网,以防堵管道。行距2~3米的葡萄园,每行中间铺设1条渗水管,埋深40厘米。

渗灌的优点主要有以下三个方面:一是省水,采用渗灌,每次每亩用水15立方米,全年可节约水量近70%;二是投资少,一套可供5~7亩园渗灌的建设费用,当年从节约用水和减少用工支出中即可收回;三是可提高果实产量和品质,增加经济收益。

渗灌的管道系统主要由干管、支管和毛管组成,其规格如表4-1所示。干管、支管的布置要根据葡萄园的地形、地热以及水源的分布情况而定。在丘陵地带,干管应该在位置较高的地方沿着等高线铺设，运管则应沿着等高线的高线的方向向着毛管送水。在平地葡萄园，干管要铺设在园地的中部，干管和支管主要用来连接下一级管道。毛管通常顺着树干的方向铺设，长度为 80~120 米。

表 4-1 管道规格

名称	干管	支管	毛管
直径规格	65 毫米、80 毫米、100 毫米	20 毫米、25 毫米、32 毫米、40 毫米、50 毫米	10 毫米、12 毫米、15 毫米

滴头是滴灌系统的关键组成，其内径有 0.95 毫米、1.2 毫米和 1.5 毫米三种。安装微管接头时，首先要在毛管上面打一个孔，然后将微管的一端放入孔中，再环着毛管绕结后埋在地下约 20 厘米处。滴头主要安装在葡萄主干周围，滴头的数量根据株距确定。

3.灌水时期

葡萄园灌水一般于葡萄生长的萌芽期、花期前后、浆果膨大期和采收后四个时期进行，共灌水 5~7 次。葡萄园灌水时间及作用如表 4-2 所示。葡萄园的灌溉次数需根据当年降水量的多少酌情增减。

表 4-2 葡萄园灌水时期及其作用

灌水时期	萌芽期	花期前后	浆果膨大期	采收后
时间	在葡萄出土至萌芽抽枝前浇灌，施了化肥后再灌溉	花前 10 天左右灌 1 次水，以后花期要控制灌水	当浆果长到黄豆粒大小时，新梢也正生长旺盛，结合施肥催果灌催果水。每隔 10～15 天灌 1 次透水	果实采收后就要准备秋季施肥，这时可结合施基肥进行灌水
作用	满足葡萄萌芽抽枝的需要	对提高葡萄授粉、受精和坐果率有明显作用	满足葡萄新梢和以后浆果生长的需要	促进树体营养物质的积累，对翌年葡萄的生长、结果有重要作用。冬春干旱地区，在防寒前需灌 1 次越冬封冻水，以减少冻害和旱害

葡萄园内灌水一般使用田间畦灌的方法，就是把水引入葡萄定植畦中的方法。如果能够采用分段灌水则效果会更好。园区如果安装了喷灌、滴灌等管道设备，则灌溉就可以达到省水及不影响土壤结构的目的。另外，在喷灌的时候如将肥料溶解

在水中,就可以实现一举数得的目的,如防霜、防热、省水、保土、保肥等作用。滴灌同样也可以达到这一目的。

二、排　　涝

葡萄的耐涝性虽然强,但是在地热比较低的地方和南方梅雨季节地势较低的葡萄园也要做好排水工作。当葡萄根系的土壤里有25%以上的含氧量时,根系生长迅速;当土壤含氧量为5%时,根系的生长受到抑制,有些根系开始死亡;当土壤含氧量低于3%时,根系会因为窒息而死。当土壤水分处于饱和状态时,土壤孔隙里的氧气就被驱逐,这样根系不得不进行无氧呼吸,无氧呼吸积累的酒精就会使蛋白质凝固,导致根系死亡。同时,在缺氧的情况下,土壤里面的好氧性细菌会受到抑制,影响有机质的分解,引起土壤大量囤积一氧化碳、甲烷、硫化氢等还原物质,从而使根系死亡。因此葡萄园的管理者一定要重视园区排涝工作。

一般葡萄园排水系统可以分为明沟与暗沟两种。

1.明沟排水

明沟排水就是在葡萄园的适当位置挖沟,降低地下水位,从而起到排水的作用。明沟排水系统主要由排水沟、干沟、支沟等组成。它的优点是投资小、见效快;缺点是占地面积比较大,容易生长杂草,且可造成地下水排水不畅,维修困难。目前,我国许多地区葡萄园都采取这种方法排水。

2.暗沟排水

暗沟排水是在葡萄园的地下埋设管道,将土壤里多余的水分通过管道排出的方法。暗沟排水系统主要由干管、支管、排水管等组成。它的优点是不占地、排水效果好、养护的费用不高,有利于机械化管理;缺点是成本太高,投资大,管道容易被泥沙堵塞,植物的根系也容易深入管道里面,造成堵塞,影响排水效果。

第五章　多样化的葡萄栽培

第一节　旱地鲜食葡萄的栽培

一、旱地生产葡萄的优势

我国是世界上干旱地区面积较大的国家之一。根据旱地农业的定义,我国旱地区域指的是指沿昆仑山—秦岭—淮河一线以北的干旱、半干旱地区和半湿润地区。

(一)土壤资源优势

我国北方干旱地区的土壤具有有效土层深、质地适中和土体构型好等优点,非常适合葡萄的生长。只要气候条件适宜,葡萄就可以生长结果,产出优良的果品。干旱地区的土地资源优势一般表现在以下几个方面。

(1)有效土层深。有效土层是指植物的根系可以伸展吸收营养成分的土层的厚度。北方干旱地区一半以上的土地是黄土和次生黄土成土母质,有效土层达到150厘米,而葡萄一般需要的有效土层在80~100厘米。另外,黄土本身就有很多疏松多孔的沉淀物,土体厚重,足够满足葡萄生长和结果的需要。

(2)质地适中。土壤的质地是指土质的粗细以及土壤的沙黏土比例。质地与土壤的水、肥、气、热以及农业生产的性能相关。根据土壤的含沙量,可以把土壤分为沙土、壤土和黏土等几类。其中,沙土的黏粒含量低于20%,壤土的黏粒含量为20%~60%,黏土的黏粒含量在60%以上。

沙黏土的比例适合,既可以很好地保持土壤水分,也可以保持土壤肥力,且通透性也好,可以很好地耕种。因此,壤质土是葡萄生长的理想土质。

(3)土体构型好。土体结构是指土壤剖面的排列情况。良好的土体结构能够很好地持水、保肥,其上生长的植物抵抗性也较强。一般来说,处于干旱地区的土体结构更适合葡萄生长。

(二)光热资源丰富

北方丰富的光热资源为葡萄的优质丰产奠定了物质基础。我国北方干旱地区日光充足,如甘肃嘉峪关、陕西关中地区、山西运城地区等地,每年的日照时数多在 2 000 小时以上,年日照百分率 50% 以上。另外,这些地区全年 ≥0 ℃ 界温持续期间总日照时数达 1 600 小时,占全年的 70% 以上。并且,北方干旱地区的全年总日照数为 1 680~3 600 小时,太阳辐射总量是 418~1 005 千焦/平方厘米,辐射量在 209 千焦/平方厘米以上。≥0 ℃ 的活动积温为 3 400~4 790 ℃、80% 的保证率在 2 720~3 800 ℃,≥10 ℃ 的活动积温为 2 900~3 600 ℃、80% 的保证率在 2 320~2 880 ℃,这些条件非常适合葡萄的生长和果实成熟。

(三)病害轻,生产成本低

我国北方地区降水量比较少,气候干燥,有风的日子比较多,这些先天的条件不利于病菌的侵染和发展,病害发生比较少。如在陕西关中地区,一年中喷洒 5~6 次药就可以控制病毒的侵害;在新疆吐鲁番地区种植葡萄,一年之中几乎不用喷施农药。但是在山东泰安及莱西地区,一年中喷药次数不少于 15 次。

病害发生少,喷药的次数也就随之变少,不仅在人力、用药方面节约了成本,同时也有利于生产绿色、无公害的食品。

二、旱地水分调控技术

(一)旱地土壤水分变化与葡萄生长发育的关系

我国北方干旱的地区,因为年降水量比较少并且分布不均匀,土壤中的水分蒸发量比较大,因此土壤缺水严重。并且从南向北、从东向西,水分亏缺越来越严重。

葡萄虽然是耐旱植物,但是在葡萄萌芽期、新梢迅速生长期、开花期及果实迅速膨大期间(4—7 月中旬)需要大量的水分。此时大量降水或者及时浇水,有利于产量的提高。特别是在花芽形成分化期、果实着色初期(7 月中旬至 8 月下旬),水分的增加,有利于果粒的第二次膨大、果粒的增大和果实上色及糖分增加,从而提高果实的质量。但是如果此期阴雨连绵,则容易发生病害。葡萄的采收季节,天气干燥,降水量少,有利于葡萄果粒的增糖和上色。此外,还可以提高果实的品质,促进枝蔓的成熟。所以要充分掌握好水分的调控。

(二)旱地蓄水措施

旱地土壤保墒的方法主要通过土壤的管理来实现。一般情况下,在1米深的黄土层内可以储存250~300毫米的水层有160~200立方米的水分,在2米深的黄土层内可以把全年的500~600毫米降水量储存起来,在干旱时候补充给葡萄。干旱地区土地中深厚层被称为"土壤水库"。只有将旱地"土壤水库"的储水工作做好,才能保证和实现葡萄的丰产、稳产。

1.深耕翻

深耕翻能够提高降水的下渗速度和储水量,打破犁底层,加速土壤熟化,降低土壤的容重,增加土壤之间的孔隙度。同时,还可以创造出深厚的土壤耕作层,有利于根系向下生长,扩大根系的范围,更好地应用深层的水分和养分。

深耕翻的时间一般秋季结合扩穴和施有机肥进行,时间宜早不宜晚,一般深翻的深度为40~50厘米。9月下旬至10月中旬气温、土温比较高,根系有一次生长的高峰期,这为深耕翻给树根造成的伤害提供了疗养的机会。

雨季的时候,在葡萄的行间深耕翻可以结合除草进行。耕翻的深度一般为10~20厘米,可积累雨水。

2.深松耕

深松耕只疏松土层而不翻转土层,这样可以使土层疏松,加快土壤的熟化,保持土壤的含水量。一般深松耕只在雨季和葡萄生长季进行,松土的深度为10~15厘米。

3.水平等高栽植

这种方法一般适于3°~7°的浅山区或丘陵地带,陡坡地不适合使用。具体方法就是葡萄定植沟沿等高线开沟,从而形成等高撩壕,这样可以拦截坡面上的地表径流,增加降水的入渗率,同时减少水土流失。

4.修建梯田

在丘陵沟壑地田间坡度较大的地方,若水平等高种植不能实现收集雨水的作用,则可以采取修建梯田的办法,减少地表径流和土壤冲刷,增加土壤水量。常见的修建梯田的方法包括以下几个方面。

（1）水平梯田。即沿等高线把田面修成水平的阶梯式农田。这类方法主要适合坡度为 7°~25° 的地段。水平梯田示意如图 5-1 所示。

图 5-1　水平梯田示意

1—护坡；2—边坝；3—梯壁；4—田面；5—背沟

（2）坡式梯田。就是坡面隔 20~30 米沿等高线修一田埂，埂与埂之间的地表还保持着原来的坡面，这样有利于田埂拦截降水，然后在埂内开沟定植葡萄。坡式梯田主要适于坡度 7° 以下的地段。坡式梯田示意如图 5-2 所示。

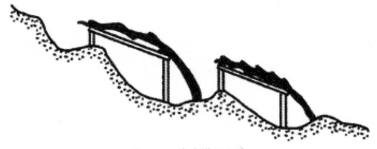

图 5-2　坡式梯田示意

（3）隔坡梯田。顾名思义，就是在坡地上间隔一段距离修建梯田，两个梯田之间保留一定宽度的坡面，坡地与梯田宽度比为（1~3）：1，坡地的下一个梯田为集水区，在梯田上面种植葡萄。隔坡梯田示意如图 5-3 所示。

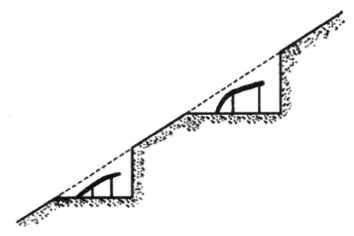

图 5-3　隔坡梯田示意

（4）反坡梯田。反坡梯田与水平梯田很像。一般情况下，反坡梯田田面是外面高里面低，保持 3°~5° 的向内倾斜，这样可以很好提高梯田蓄水、保土、保肥能力。反坡梯田示意如图 5-4 所示。

在修整梯田的时候，一定要注意保留表层的熟土，采取的方法是"里切外垫，生土作坎，死土深翻，活土还原"。要先把原来的熟土层铺盖在新修的梯田上，再挖定植沟、施有机肥，从而达到改良土壤的目的。

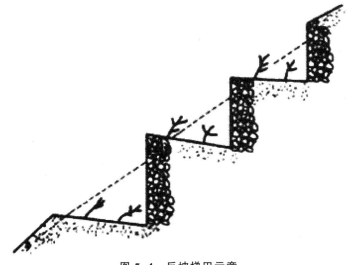

图 5-4　反坡梯田示意

（5）蓄水聚肥改土法。这种方法又叫作"抗旱丰产沟"，就是打破原来的土体结构，用生土筑垄，并深翻底土。抗旱丰产沟一般开定植沟宽 1~1.5 米、深 0.8~1.0 米，底土修埂，这样就可以集中 2 倍沟内的熟土，然后将葡萄种植在沟里。抗旱丰产沟内的种植沟类似于储水库，可以有效地保持水土，拦截径流。抗旱丰产沟示意如图 5-5 所示。

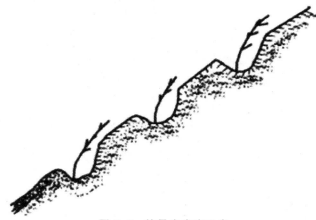

图 5-5　抗旱丰产沟示意

(三)旱地保墒技术

对于在旱地种植葡萄来说，蓄水与保墒一样重要。只有在做好蓄水的基础上才能做好保墒的工作，因为只有使天然的降水转化为土壤水分，才能保证葡萄的茁壮生长。因此，干旱地区葡萄园区在做好蓄水工作的基础上，还要注意做好减少和控制土壤水分的蒸发工作，从而保证保墒技术的基本点。旱地葡萄园中常见保墒技术有中耕保墒和覆盖保墒两种。

1.中耕保墒

在早春时节及葡萄生长初期，对土壤进行中耕，有除草、松土、切断杂草毛细管、破除土壤板结等作用，能够增加降水的入渗能力，减少水分的蒸发和损失。中耕宜在雨后及浇水 2~3 天之后进行，具有很好的保墒作用。

2.覆盖保墒

覆盖保墒主要是于旱地休闲期降水比较少、葡萄生长期蒸发量比较大期间实施的有效的农田水分调控和保墒措施。地面覆盖不仅可以抑制土壤中水分的蒸发，而且能够减少地表的径流，蓄水保墒，增加温度，同时还可以改善土壤的物理以及生物性状,从而提高产量。常用的覆盖方法包括秸秆覆盖、地膜覆盖、沙石覆盖、化学覆盖等。

(1)秸秆覆盖。秸秆覆盖是指把农业副产品如秆、落叶、绿肥植物等作为覆盖材料,在春天结束、夏天雨季来临的时候,于葡萄定植沟、架下根系主要分布区及行间用覆盖材料盖好的保墒法。秸秆覆盖可以有效增加降水的保蓄率、抑制土壤水分蒸发、促进水分下渗、提高水分利用率、减少地表径流。定植沟地面覆盖对土壤含水量的影响如表5-1所示。

表 5 - 1　定植沟地面覆盖对土壤含水量的影响

处理	第 1 天	第 5 天	第 10 天	第 15 天	第 20 天
覆盖三叶草绿肥含水量(%)	46.7	41.3	39.8	37.1	35.3
对照组(未覆盖)含水量(%)	47.2	34.2	39.6	21.4	21.6

注:把第1天浇水后土壤的含水量作为对比的基数,之后,立即将三叶草收割、覆盖在定植沟内,覆盖厚度为15~20厘米,然后在第5、15、20天分别测定土壤含水量(土壤条件为黄善土)。

(2)地膜覆盖。地膜覆盖的保墒原理就是把土壤的水分和大气阻隔开,使土壤中的水分不能有效地向大气中蒸发,把水分保持在地膜上。此外,地膜也可以起到保温、增温的作用,覆盖地膜可使土层的温度升高,使下层的水分向上层流动,起到提墒于土壤上层的作用。

(3)沙石覆盖。沙石覆盖是指将石砾、粗沙、鹅卵石和细沙的混合物在土壤的表面铺设一层厚5~15厘米的覆盖层。沙石覆盖的用地也叫沙田或石田。沙田的作用是蓄水保墒,防旱抗旱。沙田的沙石层疏松,渗透性好,沙粒的空隙大,可以防止径流,除了特大的暴雨之外,全年的降水都可以渗透进土层中。同时,沙石层还可以保护土壤,防止水土流失,也切断了毛细管的上升,减少了水分的蒸发。

(4)化学覆盖。化学覆盖是指利用化学物质有效地控制水分的蒸发和植物水分的消耗。化学覆盖是一种有效的土壤保墒方法。目前使用的方式主要是化学覆盖剂、吸水剂和抗蒸腾剂三个类。这一技术在国外应用广泛。我国于20世纪60年代开始研究,目前已经生产出很多产品,并在生产中应用。

(四)旱地集水工程措施

旱地集水工程,主要是指在干旱的地区收集有限的降水和拦截雨季径流的工程。旱地集水可以把大面积土地上有效的降水集中起来供向葡萄园,保证葡萄生长的需要,从而达到雨水增值的目的。旱地集水还可以把不稳定的、间断的降水集中到蓄水的设施中,起到降水调蓄的作用,从而保证旱地葡萄的稳产和增产。

1.水窖

修建水窖,集中水窖附近地面的降水,以保证春秋干旱季节葡萄园的用水。目前这种方法广泛地应用于我国西北地区。常见的水窖有立式窖和卧式窖两种。其中,立式窖又可分为瓮窖、缸窖、窑窖等。常用水窖形式如图 5-6 所示。

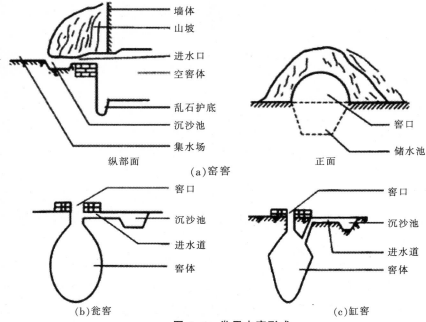

图 5-6 常用水窖形式

常用立式窖的特点及其结构如表 5-2 所示。

表 5-2 常用立式窖特点及其结构

类型	适用地区	特点	窖体结构
瓮窖	丘陵及高原地区,土壤较好的地方	窖体拱形,牢固,容积大,能把水蓄满	窖筒直径 60~70 厘米。深 1~2 米,以后至窖体慢慢扩大到直径 3 米,再慢慢收缩,窖底成锅底形,总深 5~7 米
缸窖	高原地区	规模小,容积大	窖筒直径 60~70 厘米,深 1~2 米;窖体 5~7 米,其中蓄水深度 3~4 米。以后窖体直径收缩至 3~4 米,底部直径 2 米
窑窖	靠山根、崖根处	容积大,施工容易,可自流取水	由窖门、窖顶、水窖三部分组成。窖顶矢垮比为 1:2,垮高 3~4 米,矢高 1.5~2.5 米,窖长 8~15 米;蓄水部分为梯形,上宽下窄,边坡竖横比为 8:1,深 3~4 米,底宽 1.5~4.5 米

1）水窖的建造

　　（1）开挖窖身。这个过程是由人工开始的，先挖窖筒和旱窖，挖到储水的部分后再挖扣带，边挖边留"麻眼"，防止出现渗漏，最后塞胶泥。挖窑窖时，应先把崖面刷齐，再挖宽和高为 1.5~2 米、深 2 米的窖门，然后接着往里面挖。注意应先挖窖顶再挖窖身。

　　（2）窖壁防渗处理。选择水窖的位置很重要，应选在易于收集雨水的位置开挖窖身和窖体。窖体（即蓄水部分）要进行防渗处理，先用胶泥捶贴，然后再用三合土或水泥抹面。操作的时候，先用胶泥塞住"麻眼"，捶实，再涂上 4~5 厘米厚的胶泥层，然后用三合土（白灰、细沙、胶土比例为 1：7：3）或水泥沫面。在抹面的时候，先用白灰、砂浆打底（白灰、砂浆比例为 1：1.5~1：2.0），再用水泥砂浆抹面（水泥、砂浆比例为 1：2.0~1：2.5），最后漫一层水泥泥浆至窖口。

　　（3）水窖的配套设施。水窖的配套设施主要由集水场、输水渠、沉沙池、拦污栅、进水管、窖品井台等组成。①集水场。集水场是收集地表径流的场地。一般来说，集水场越大，一次收集到的雨水就越多。集水面积为 800~1 300 平方米的集水场，在年降水量为 250~600 毫米的地区，一次降水可蓄 50~60 立方米。集水场可以用红、黄土混合铺盖，并且夯实或用机瓦铺盖，也可以用混凝土、水泥抹面或用塑料薄膜覆盖集水等。②沉沙池。一定要在距窖口 2~3 米处，修建（2~3）米×（1.5~2.0）米×1.0 米的水泥池，以阻止地表径流中的泥沙流入水窖。③拦污栅与进水管。在进水管的前面设立拦污栅，防止污物进入水窖。在进水管进水处的窖底，还要设置石板和其他消力设备，避免进窖水流冲坏窖底防渗层。④窖口井台应高出地面 30~50 厘米，必要的时候，还应安装提水设备和抽水泵。

　　2）水窖管护

　　在下雨前夕，要清理地窖的水路。降水的时候要及时把雨水引进地窖，水满后要立即封闭窖口，防止进水超过防渗层。要注意不能将水窖里的水全部用完，否则可能会引起裂缝。要经常清理沉沙池，保证雨季储水的时候水窖系统完整。

　　2.人工蓄水池

　　人工蓄水池又叫涝池，是指在集流地面下游的蓄水池。人工蓄水池的大小，主要根据集水面的大小和降水量的多少来决定。一般口径 10~25 米、深 1.5~2 米的蓄水池，可蓄积水 200~800 立方米；口径 30~40 米、深 2~3 米的蓄水池，可蓄积水 2 000~3 000 立方米。

挖人工蓄水池时要做好防渗等处理工作。在黄土地上修建蓄水池时,要先在它的底部铺一层厚20~30厘米的红胶土,夯实后再铺一层黄土,再夯实就可以了。有条件时还可以用塑料薄膜铺底压土,或用石料泥浆砌底,这样防涝的效果更好。

(五)旱地节水灌溉技术

节水灌溉是根据蓄水规律以及当地的供水条件,有效地利用降水和灌溉水,从而为葡萄的生产提供最佳的经济效益、社会效益和环境效益而采用的多种灌溉技术和方法。常见的节水灌溉技术主要有以下五种。

1.地面节水灌溉技术

地面灌溉是传统的、古老的、使用面积最为广泛的节水方法。地面节水灌溉主要通过地面渠道和地下管道将水运至田间。这种方法的缺点是容易造成水土流失,以及水分深层渗漏、蒸发、废泄等,同时还存在生产率低、灌水质量差、湿润土层不匀等问题。其优点是简单易行,成本低,易于推广。在葡萄园中常见的节水灌溉方法有畦灌和沟灌两种。

1)畦灌

在北方比较干燥的地区,为了节约水资源,要杜绝大水漫灌、大畦漫灌。应采用"小畦三改"和"长畦分段"的技术。

(1)小畦三改。是指把长畦改成短畦、宽畦改成窄畦、大畦改成小畦的灌水技术。具体做法是:在葡萄园内,不管是棚架栽植还是篱架栽植,都要在根系分布最多的位置修畦做埂,畦以长不过15米、宽不过1.5米为最好。

使用小畦三改技术,可以使灌水集中在根系分布最广的位置,比一般的灌溉技术节水30%,灌水均匀度在80%以上,灌水效率可提高50%~60%。

(2)长畦分段。就是把长畦分成横向畦埂的小畦,畦宽1.5~2米、长50米,先用塑料软管地面输水沟把水送到畦内,然后再逐渐依次灌水。

使用长畦分段灌水比一般畦灌技术可节水40%~60%,灌溉效率提高一倍以上,同时方便机械化管理,有利于实现小定额灌水。这种方法可以在地广人稀、人力不足、干旱缺水以及机械化程度较高的农场、园艺场等中推广。

2)沟灌

沟灌是在葡萄的行间挖一条水沟,让水在沟里面流动,依靠重力和毛细管的作用灌溉土壤的方法。沟灌比畦灌用工少,能够保持大部分土壤疏松,并且不会破坏根系附近的土壤结构,可减少土壤的水分蒸发和损失,能够节约水分 1/3,保证肥料不流失。在雨涝季节,沟也可以用来收集雨水作为以后灌溉用水,从而保证葡萄生长需要的水分。

2.低压管道灌溉

低压管灌溉又称低压管灌,是我国北方干旱地区目前推广的节水节能型的新式灌溉技术。低压管道灌溉先用低耗能水泵或由地形高差所提供的自然压力给灌溉水加压,然后再把管道中的水直接输送到田间实施灌溉。

低压管道灌溉系统主要由水源、取水工程、输水管网及田间灌水系统(包括分水池、移动管、出水口、三通等)等部分组成,如图 5-7 所示。

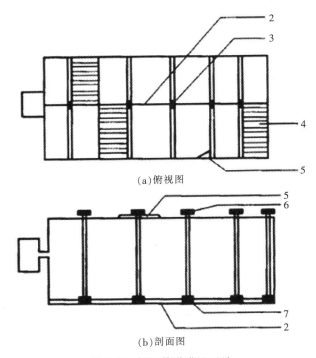

(a)俯视图

(b)剖面图

图 5-7　低压管道灌溉系统

1—水源;2—输水管道;3—分水池;4—畦;5—移动管;6—出水口;7—三通

1)水源

水源要求是水质洁净且不含杂草、泥沙等容易堵塞管道的杂物。否则就必须进行拦污、沉淀等处理。水源的种类比较多,可以是井水、水库水、渠水,也可以河水。

2）取水工程

取水工程主要包括机井、扬水站和高处的蓄水池。具体工程的方法取决于水源。

3）输水管网

输水管网可以分为一级管道、二级管道和三级管道。其中，一、二级管道要求简单、耐用、经济，同时要有一定的承受水压的能力；三级管主要采用的是固定式管道，可以使用地面移动式管道，以便能根据土地灌溉的实际情况进行移动。

4）田间灌水系统

田间灌水系统根据实际的需要可以采用以下几种。

（1）田间灌水管网。即不用田间输水沟，而是使用地面移动薄塑料管代替，将水直接浇到田里。这种方式的优点是可以减少水的浪费，避免水的流失和深层渗漏，管理方便，并且不浪费土地、不影响间作。

（2）明渠田间输水沟输水灌溉。这种方法的弊端就是输水的过程中水浪费比较严重，劳动力消耗过大，并且要占用田间的距离。

（3）软管输水。即不用田间输水沟，而采用软输水管在行间进行沟灌或畦灌。这种方式的优缺点介于沟灌和畦灌两种方式之间。

（4）低压管灌。低压管灌在输水的过程中，损失比较小，管网水的有效利用系数高，并且输水的速度快，可以缩短灌溉的周期，减少单位用水量，省地、省工、节能、低成本。目前，低压管灌被广泛地用于各种地形和土壤条件园区。

3.喷灌技术

喷灌又称喷洒灌溉，是一种专门利用喷洒设备先将水加压，然后送到灌溉的地段，并且在空中形成细小的水滴，均匀地洒落在田间进行灌溉的方法。喷灌的优点是节约水量、增加产量且适应性强。一些土壤贫瘠、渗漏严重地区及山地和黄土高原等较宜使用喷灌技术。

1）喷灌系统的组成

喷灌系统主要由水源、动力机械、水泵、输水管网、喷头等部分组成。

（1）水源。水源要求水质洁净，不含杂草、泥沙等容易堵塞管道的杂物。否则就必须进行拦污、沉淀等处理。水源的种类比较多，可以是井水、水库水、渠水，也可以是河水。

（2）动力机械。动力机械的主要作用就是增加压力，带动水泵工作。

（3）水泵。水泵主要用来给水流加压，使水能够在水管的管道里面产生一定的压力，然后喷射到空中。

（4）输水管网。通过输水管网，把经过加压的水运送到喷头，进行喷灌。

（5）喷头。喷头是喷灌的专用设备，它的主要作用是把管道里面有压力的水均匀地分散到田间。选择喷头首先必须考虑其结构形式和性能参数及所灌溉的植物。低压喷头喷水量少、射程近、雾化程度高、水滴少，高压喷头射程远、喷水量大、喷灌强度高，要根据情况具体选用。其次就是喷头在运转的时候应可靠且结实耐用。

2）喷灌的类型

根据喷灌系统能否移动可将其分为固定式、移动式和半固定式等。不同喷灌类型的优缺点如表 5-3 所示。

表 5-3　不同喷灌类型的优缺点

喷灌类型	具体操作	优点	缺点
固定式	除喷头可拆卸外，其余均常年固定不动。水泵和动力机械构成固定泵站，管道埋入地下（或固定在地面），喷头装在竖杆上	操作方便，不易损坏，生产效率高，运行成本低，工程占地少，有利于自动化管理	设备利用率低，需管材量大，投资较大，只适于地面坡度陡、局部地形复杂的地区
移动式	在田间只布置水源，而水泵、动力机械、输水管网和喷头均可移动	利用率高，需管材量小，控制面积较大	运行成本高，占地面积大，劳动强度高，喷洒质量稍差
半固定式	动力机械、水泵和输水管网的干管是固定的，其喷头和支管是移动的；在干管上装有许多给水栓，只需将支管接在干管的给水栓上即可进行喷灌，一种喷灌结束后，再移至另一处	减少了支管的数量，提高了设备利用率，从而降低了建设成本；比移动式操作简便、劳动强度低、生产效率高，是目前生产上常采用的一种喷灌类型	因为设备要进行拆运、搬移，所以生产效率低；搬运的时候容易损伤作物。一般适于经济较为落后的地区及水源较为紧缺、取水点少的我国北方地区

3）喷灌水的质量指标

（1）灌溉强度。灌溉强度指的是单位时间内喷洒在单位面积上的水量，也就是在单位时间内可灌溉面积接受水的深度，一般用"毫米／小时"表示。土壤的允许浇灌强度指的是灌溉强度和土壤的入渗能力相适应。

（2）喷灌均匀度。喷灌均匀度指的是喷灌水量的均匀速度。衡量喷灌质量高低的一个重要指标就是喷灌水量的均匀程度。一般在设计风速条件下，喷灌均匀系数应不低于 75%。

（3）雾化度。雾化度是指喷射水流在空气中雾化粉碎的程度。它的直接指标就是水滴打击的强度，也就是在单位面积内喷洒水滴对作物和土壤的打击能力。打击能力如果太大，容易破坏葡萄的枝叶、花序，严重时甚至会影响土壤的团粒结构，使土壤板结。雾化程度太大，容易被风吹散，蒸发损失就会过大；雾化程度太小，对地面的打击力就会太大。因此，水滴雾化程度要适宜。

4.地面滴灌技术

滴灌是微管的一种方式，也是一种新型的节水型灌溉技术。滴灌主要根据葡萄生长过程中需水的要求，通过低压管道系统及安装在末级管道上的滴水器，将植物需要的水分和营养以较小的流量准确缓慢地运输到根部土壤部分的方法。因为滴头的流量很小，所以水只能浸湿滴头周围的土壤，然后再借助毛管张力扩散。滴灌是局部灌溉的一种，既可以节约用水，又可以均匀地将水灌溉在土壤里，适应性强、操作方便，可以与除草、施肥等同时进行。

滴灌系统的组成主要包括水源、首部枢纽、输配水管网和滴水器等。

1）水源

同"喷灌系统"。

2）首部枢纽

首部枢纽主要由过滤器、控制设备、水泵机组、施肥罐（施用化学肥料和农药）等部件组成。

（1）过滤器。主要作用是除去水中的污物和杂质，防止杂物堵住滴头。

（2）控制设备。主要包括是压力调节器和阀门。通过调控控制设备，可以调节水流的速度和滴灌的区域。

（3）水泵机组。水泵机组是滴灌系统的控制调度中心，其主要作用是先将从水源里获得的水经过处理，使水达到滴灌的要求，然后再输送到系统中去，最后使之滴到土壤里面，让葡萄按照自身的生长需要吸收。

（4）施肥罐。在这里面，利用滴灌的设备完成滴灌的同时完成施肥和施药。

3）输配水管网

主要由输水管道和配水管道组成。其中，输水管道包括干管和支管，主要由硬塑料管组成；配水管又叫毛管，它的一端安装在支管上，另一端安装在滴水器上，常常放置于地表。

4)滴水器

又叫配水器,是滴灌的专门配置。滴水器的主要作用是按照葡萄的需水情况将水滴入葡萄根部的土壤里。

5.渠道防渗技术

目前,我国旱地采用的大型输水方式是渠道。在用渠道运送水的过程中,会因为渠道漏水、水面蒸发和渗水而造成水的损失。

渠道防渗主要使用的材料是水泥土、膜料、混凝土、沥青、土料、石料等,从而达到防渗的目的。因为这部分属于水利工程项目,因此不作赘述。

第二节　酿酒葡萄的栽培技术

一、提高酿酒葡萄产量的方法

(一)两年丰产的含义

(1)产量来得快。在准备栽培酿酒葡萄的时候,在管理上一定要注意时效性。从定植开始,每一个技术环节都要抓好,只有一环套一环,才能收获高的产量。

(2)产量比较高。植株的健康生长是葡萄高产的基础。因此,必须在传统的管理方法上进行改进,保证葡萄植株健壮生长,从而达到丰产的目的,同时也为两年丰产打下基础。同时,还应加强综合管理,注重植株健康发展,保证连续稳产、优质。

(二)产量指标

酿酒葡萄幼树两年丰产与成龄树丰产是完全不同的两个概念,其丰产指标也不一样。两年丰产是利用特殊的栽培手段,使葡萄的幼苗能够得到超常发挥的生产能力,从而达到预期的产量水平。根据现在的生产水平,酿酒葡萄两年丰产指标为每公顷 6 000 千克以上,一般来说可保持在 7 500~15 000 千克。

(三)丰产树相指标

酿酒葡萄与其他树种相比,较容易获得早产。但若要实现两年丰产,则必须达到下列丰产树相指标。

（1）结果蔓必须达到一定的粗度和长度。如每公顷指标产量是 7 500 千克，则在第一年修剪的时候，枝蔓生长量指标是：剪留枝蔓长度 40~50 厘米，枝蔓剪口处直径 7 毫米以上，并且每公顷葡萄园中具备上述指标数的枝蔓应有 1.5 万个。

（2）枝蔓充实，芽眼饱满，没有病虫害，生长期没有早期落叶等现象。

（四）两年丰产的主要技术措施

酿酒葡萄两年丰产并非仅依靠一两项新技术就能够实现的，它需要各项技术的综合应用。只有正确合理应用好各项技术，才能够达到增产的目的。一般而言，两年丰产技术可概括为"四优、三早、二合理、一加强"。

其中，"四优"，即优质土壤、优良品种、优质壮苗和优良定植。

"三早"，即早定植——可以适当提前定植，早摘心——在成长期可以提前摘心，早搭架——定植后，尽早搭建永久性的支架。

"二合理"，即密植的时候要合理，留梢的时候要合理。

"一加强"，即加强包括肥水管理、病虫害防治等在内的综合管理。

1.栽植前的准备

酿酒葡萄两年丰产园一般要选建在土层厚度 1 米以上的土壤或沙质壤土，土质肥沃疏松，地下水位在 1 米以上，并且容易灌溉等地区。丘陵山地一般要选择背风向阳的地方，并做成水平梯田。要根据酒厂的需要，对品种进行选择，目前种植的优良的品种主要贵人香、霞多利、梅露辄、白玉霓、赤霞珠、品丽珠等。应选择一些根系完整发达、枝芽充实、无病虫害、无机械损伤的壮苗。在种植前，要先挖一条深、宽各 80~100 厘米的沟，在定植沟下部埋一层 10~20 厘米厚的秸秆，提高土壤有机质含量，或把秸秆粉碎后与表土混合后埋入。此外，还要添加无机氮肥，一般每公顷施优质农家有机肥 60 立方米，把肥料和土壤混合施入中上层。最后回填土，并沉实、耙平，一切就绪后，再种植苗木。

2.第1年的管理

（1）精心栽植。选择一级优质壮苗。注意栽植密度，一般每公顷栽植 7 500 株以上，行距 2.5 米、株距 0.5 米。覆盖薄膜以保墒、提高地温。苗木在栽植的时候要深一些，比地面低 10~20 厘米；埋土的时候浅一些，与苗木新梢基部一样。等到苗木长到 30~50 厘米时，再把土和地面对齐，这样做不仅可以防风、保墒，而且可增加生根部位,使苗木生长旺盛。

(2)定梢。苗木进入缓苗期之后,很快进入了旺盛阶段,这时候,要及时摘心和定梢。萌芽开始要抹芽,进行第一次定梢,这次定梢的数目比最后要留的数目约要多30%。利用营养钵绿叶苗栽植,栽植后马上摘心,促进副梢萌发。新梢长到10厘米以上,进行第二次定梢,一般每株留2~3个主梢。主梢要健壮,且距地面应尽量近些。

(3)搭架。因为葡萄是攀缘植物,水平生长的时候会产生副梢,使主梢生长变缓,直立生长时主梢则生长迅速。因此,在定植之后,要及时搭架,把新梢绑在架上。以有利于植物生长,有利于病虫害防治和田间作业。先拉第一道铁丝,待新梢长一段长度后再拉第二道铁丝,然后把新梢及时绑缚在铁丝上。

(4)摘心。夏剪的重要内容是新梢摘心。新梢摘心主要对主梢进行多次摘心、抑制生长。第一次摘心常在主梢长到70~80厘米时进行,长势强的可在80~100厘米时摘心,长势弱时第一次摘心时间最迟不要超过大暑节气。主梢摘心后发生一次副梢留4~5片叶进行二次摘心。每个主梢顶端留2~3个副梢,二次副梢留2~3片叶进行第3次摘心。秋季的时候,为了使植株停止生长,要使用截顶法,即截去幼嫩梢头。

(5)施肥。肥水管理对葡萄的两年丰产十分重要,葡萄园区一般一年要追肥3~4次。追肥的原则是前期促、后期控。前期主要以追氮肥为主,促进植物生长,后期主要以追磷、钾肥为主,以延缓生长势,促进枝蔓成熟。第一次追肥可在缓苗期过后进行,以后每隔15~20天按每株25~50克量施加。秋季施加基肥以每公顷优质农家肥60~100立方米为宜。施肥后应及时浇水。雨季的时候少浇水,干旱施肥的时候多浇水。

(6)病虫害防治。病虫害防治以贯彻预防为主,综合防治遵循"的方针和经济、安全、有效"的原则。前期主要防治金龟子、象鼻虫。从6月初开始,每隔10~15天喷1次200倍石灰半量式波尔多液,连续使用5次以上,可保证叶片不受侵害,早期不落叶。

(7)冬剪与防寒。冬剪时,枝蔓剪口处直径7毫米以上,留50厘米。剪口处较细的可适当短剪,较粗的可适当长留,第1年不宜超过80厘米。预防的时间比成龄树早3~5天。防寒前浇好封冻水,把葡萄枝蔓顺行压倒,埋土御寒,埋土厚度30厘米以上。

3.第2年的管理

(1)出土上架。出土的时间一般比成龄树晚 3~5 天,出土后喷 1 次 3~5 波美度石硫合剂,然后绑蔓上架。

(2)抹芽定梢。原则上主蔓 30 厘米以下的芽应全部抹掉。为了第 2 年丰产,当花序不足时,应在 30 厘米以下选留适当的花序。留梢量应根据品种、树势灵活掌握,一般原则是以产定梢。如赤霞珠按每公顷 7 500 千克产量计算,每公顷 7 500 棵,则每株应产果 1 千克,穗重按 170 克计算,每株应留 6 穗果,每个新梢结 2 穗果,每株留 3 个结果梢即可,最后再加上 30%的保险系数,每株则应留 4 个结果梢。

(3)摘心与绑梢。摘心从花前 1 周开始,主要是依靠主蔓延长梢长度摘心。梢头弯曲度小的,说明"没劲",可适当晚摘心;梢头弯曲度大的,说明生长势强,应同时摘心;当延长梢长至 80 厘米左右、直立生长的可长到 100 厘米、侧向生长的可缩短到 60~70 厘米时,果穗以下的副梢全部去掉。果穗以上副梢留 1~2 片叶反复摘心。按照第 1 年的摘心方法绑梢,可以改善透光条件,使植株均匀结果,提高葡萄的产量,抑制新梢长势。新梢的绑缚多结合摘心、支卷须等工作进行。

(4)施肥。土壤追肥以一年 5 次为宜。第 1 次在萌芽前追肥,以氮肥为主。第 2 次在花前追肥(花前 1 周),以氮、磷肥为主。第 3 次在幼果期,施加氮、磷肥以促进果粒膨大。第 4 次在上色期,追肥以钾肥为主。第 5 次于采收后,追肥以磷、钾肥为主。每株追肥 50~100 克。秋天的时候结合深翻扩穴施入基肥,每公顷 100 立方米,并适量施入一些过磷酸钙。

(5)病虫害防治。参照第 1 年管理进行。

(6)冬剪。延长梢直立生长的剪留 50 厘米左右,侧生的剪留 30 厘米左右,其他梢剪口粗度在 7 毫米以上,剪留 10~20 厘米,然后浇封冻水并防寒。

4.第3年及以后的管理

第 3 年时,葡萄园开始进入盛果期。这时要注意以下三个方面问题:第一,病虫害防治做保障,以预防为主,搞好病虫预测预报和综合防治;第二,连年增施有机肥,同时根据各生长期葡萄对肥料的需求及时追肥;第三,架面管理是重点,要加强夏剪工作,及时绑梢、摘心、去卷须,保证新梢旺盛生长,架面通风透光,合理负载。此外,还要注意修剪枝叶,保证枝蔓的更新和植株架面立体结果。

二、提高酿酒葡萄品质的方法

（一）提高酿酒葡萄品质的意义

酿酒葡萄品质的好坏，直接影响所酿葡萄酒的质量。无论酿造工艺技术有多高，都无法弥补低劣葡萄酒的不足。现代研究表明，葡萄酒的质量70％在于原料。由此可以看出葡萄品质的重要性。

以酿造葡萄酒为生命的企业要想占领市场，就必须保证葡萄酒产品的质量。而企业的兴衰又直接关系到果农的利益。因此，果农必须保证葡萄的优质，企业才能提高所酿葡萄酒的质量，只有葡萄酒的质量有了保证，企业才能更好地与果农合作。可以这么说，果农和企业的命运息息相关，双方是共同发展的。

（二）影响酿酒葡萄品质的主要因素

（1）品种。不同类型的葡萄酒使用的葡萄品种也不一样。葡萄品种优良特性的表达由其所生长的环境决定，各有不同，有的适应性强、有的适应性弱，如赤霞珠、霞多利等虽在世界多数国家均表现出良好的生态适应性和典型的品种酒特性，但有些却是"地域性品种"，离开适宜的土地，就表现不良。所以，提高葡萄品质的前提，是要选择良好的品种。否则，再好的酿酒师也解决不了品种不好带来的问题。

（2）产地条件。一个地区要成为葡萄基地，首先要看它是否适合葡萄生长，然后再确定它是否发展，这是基地成功的关键。品种只有在适宜的产地上才能发挥自己的特性。我国一些葡萄酒产业在发挥产地优势方面做了一些有益的工作，很多经验值得借鉴。

（3）栽植管理水平。品种确定之后，一定要提高主要栽培管理技术。只有根据品种的生物学特性，制订出合理的综合技术方案并认真实行，才能充分发挥品种的特性，从而达到丰产、优质的目的。

综合以上信息可以知道，品种特性、环境条件和栽培技术三者共同决定了葡萄的品质。

(三)提高酿酒葡萄品质的技术要点

对影响葡萄品质因素的分析和试验表明,提高酿酒葡萄品质的途径主要有选择适宜的产地、选择适宜的品种和提高综合栽培管理技术水平等三种。

具体包括以下几个方面。

1)搞好葡萄品种与葡萄酒种的区域化

世界葡萄栽培多在北纬 20°~52° 和南纬 20°~45°,不同的品种对外界环境条件的适应性不同,不同的区域栽培不同的葡萄品种,不同的葡萄品种酿造不同类型的葡萄酒,这就是葡萄品种和葡萄酒种的区域化。在不同的区域内,葡萄发育生理、成熟生理不同,最终质量也不同。一些地区长期栽植一种葡萄,并形成相对稳定的成熟质量,用该品种酿造的葡萄酒就有其独特魅力,成为该地品牌。

在一定的地理范围内,气候条件决定了葡萄的品牌和葡萄酒的种类,土壤条件使最终产品获得了特殊的品质。这也是一些以产地命名的世界级名牌葡萄酒几十年甚至数百年畅销不衰的原因。

我国幅员辽阔,目前酿酒葡萄形成了几大栽培区域,包括宁夏、新疆、天津、辽南、山东半岛、河北北部等。这几大区域根据本地的特点,发展有地方特色的葡萄品种,取得了相当不错的产地效益,并各成一家。

2)苗木选择

宜选择优良的品种。同时,为使品种的特性很好地表现出来,使个体间的差异减小,可选用脱毒苗木。

3)架式与栽植密度

酿酒葡萄采用的是单臂篱架和相应的整形方式。这与生产上为追求高产采用的双臂篱架不同。单臂篱架能够通风透光,限制产量,这样葡萄的品质才有保证。有时为了提高产量,要求适量的密植。以后,随着树龄的增加和产量的提高,要注意及时疏松,应用修剪的方式控制留枝量。

4)枝梢处理

抹芽、定梢、摘心和绑梢都属于树梢的处理工作。树梢处理得当,可以明显提高浆果的质量。

(1)抹芽、定梢。抹芽一般从萌芽开始到花序为止。抹芽过晚,容易造成树体营养成分的流失。定梢则是依据树势和产量来决定的,一般留梢不能太多。适量的定梢不仅可以限制产量,而且可以改善通风透光等情况,提高浆果的着色。

（2）摘心。摘心要根据结果梢的长势进行。一般弱梢在花序上留 5~6 片叶摘心,强梢在花序上留 6~9 片叶摘心,主梢的副梢上留 1~2 片叶反复摘心,这样可以起到抑制营养生长的作用。

（3）绑梢。在摘心基础上进行"弓形绑梢",也就是把梢头压低,让新梢呈现出"弓"字形,使果穗处于位置较高的"弓"背部位。绑梢可使营养生长向着生殖生长的方向较变,提高浆果的质量。

5）土肥水管理

土壤质地较差的必须进行改良,较好的土壤也要进行基肥深翻熟化。施肥主要以有机肥为主,追肥以氮、磷、钾三要素的搭配和微量元素的补充为宜。补充水分的时候要注意控水,雨季要注意排水。

6）合理负载

酿酒葡萄的产量并不是说越高越好,那种追求盲目高产的做法是不对的。每一个产品都有一个产量限度,如果超过了这个限度,就会得不偿失。葡萄在不同的年龄阶段有不同的产量限度,如果超过了限度,那么提高产量就意味着降低浆果的质量,即使及时加强肥料和水分的情况下也是这样的。一项试验结果显示,在肥料和水分充足的条件下,将龙眼葡萄含糖量提高 3°,大约需降低产量 50%。

7）适时采收

采收的时间对葡萄质量影响很大。葡萄成熟后适时采取,可以取得较高的品位及经济效益,若采取过早,则会影响产品糖度和着色,降低商品性。

第三节　葡萄设施栽培技术

葡萄设施栽培是指为了提早或延迟葡萄上市时间,在不适合葡萄生长发育的寒冷季节或不适合某些品种露地栽培的寒冷地区及多雨暖湿地区,在一定设施内人为地创造适合葡萄植株生长发育的小气候条件,进行葡萄生产的一种特殊形式。设施栽培有加温日光温室、不加温日光温室及塑料大棚等类型。

根据目前生产上应用的实践,葡萄的设施栽培可分为促成栽培、延迟栽培和避雨栽培三种形式。其中,促成栽培是指利用温室或大棚的增温保温效果,通过早期覆盖实施,提早葡萄发芽时间,促进葡萄提前成熟的一种方式,促成栽培可使果实提前 2~3 个月上市。延迟栽培是利用温室或大棚的增温保温效果,通过后期覆盖实施,延迟葡萄的生育期,延迟落叶,使果实延迟采收的一种方式,延迟栽培可使果实延迟 1~3 个月上市。避雨栽培是利用大棚设施,在葡萄生长期仅保留顶部薄膜,起到避雨防病的目的。避雨栽培不仅可以扩大葡萄的种植范围,使广大的暖湿地区也可以种植高品质的欧亚种,而且可以提高品质,少打或不打农药。

一、设施栽培葡萄园的选择与规划

1.园地选择

设施栽培葡萄园的选择要求是:葡萄园一般应选在背风、向阳、地势开阔、无遮阴物、光照充足、排水、灌水条件良好的地段。土质以肥沃的 pH 在 6.5~7.5 范围内的沙壤土为好,沙土和黏土地要先进行改造后才能建园。温室或大棚间要有一定距离,以防互相遮阳并有利作业。园址应选在靠近城市郊区,或乡镇消费市场,或交通十分便利的地方。园地附近要有充足的水源,确保葡萄正常生产所需灌、排水。

2.整地与施肥

(1)整地。对全园进行耕翻,行距 260~280 厘米,每两行要有一条宽、深各 30 厘米以上的灌水沟。

(2)整畦。行中间挖栽植沟,宽 40~60 厘米、深 30~50 厘米,根据地理条件,表土与心土分开堆放。整畦时把边上和面上较疏松的土往中间耙成龟背形,以堆高有效土层。

(3)施肥。挖好栽植沟后,先在沟底放一层麦秸、稻(杂)草等,与土混合,然后再铺一层松表土,其上铺有机肥。按每亩 3 000~5 000 千克的畜禽粪或 200 千克左右的饼肥施入栽植沟,与 50~75 千克磷肥及表土混合,最后填上心土,使之略高于地面成龟背形。

整地、整畦、施肥必须在入冬前完成,以便使翻耕及挖沟翻上来的土块经冬季冰冻后可自然氧化,从而达到腐熟基肥、杀虫、松土、肥土的目的。

3.架式的选择

设施栽培因为不需要下架防寒或只需简易下架防寒,所以设施内常用的架式有篱架和小棚架两种。一般来说,篱架常采用南北行栽植,小棚架常采用东西行栽植。

4.品种的选择

要选择对直射光依赖性不强、散射光着色良好,生长势中庸,穗大、两性花、丰产、优质、色鲜的品种。若是促成兼延迟栽培,一年结二茬果,则还应选择具有多次结果能力的品种。我国目前以栽植优质的早中熟品种为主,如京亚、香妃、乍娜、凤凰51、87-1、无核白鸡心、京秀、京玉、普列文玫瑰、高墨、黑蜜、玫瑰香等。

二、葡萄设施栽培的类型

1.日光温室

日光温室又称薄膜温室,是由保温良好的单层及双层北墙、东西两侧山墙和正面坡式倾斜骨架构成,骨架上覆盖塑料薄膜形成一面坡式的薄膜屋面,薄膜上盖草帘保温。日光温室主要利用阳光照射的热量使室内升温,也有的地区在室内增设暖气、加温烟道或火炉等加温设备,成为加温温室。

日光温室的框架可因地制宜采用木杆、竹竿、钢筋、水泥等制作,基本结构一般为宽 7~9 米、北墙(后墙)高 2.5~2.7 米、东西北三面墙宽 30~50 厘米,用泥土或砖堆砌而成。脊柱高 3 米(无脊柱的后墙高 3 米),距温室前缘 1 米处的垂直高度为1.2~1.5 米,温室的长度可视面积而定,一般为 30~100 米。日光温室及其结构示意如图 5-8 所示。

框架前坡应设 2~3 排立柱,柱间距1.5~2.0 米。东西两侧设出入门和作业间。

日光温室有倾斜度较大的坡式薄膜屋面,白天能使阳光充分射入室内,冬季阳光直射北墙,增加室内反射光及热能,使室内增温。夜间北墙阻挡寒风侵袭,有利于保温。有的地区在薄膜屋面上加盖草帘或棉被,保温效果更好。日

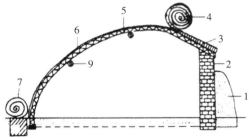

图 5-8 日光温室及其结构示意

1—后墙外保温土;2—后墙;3—后室面;
4—草苫;5—钢拱架;6—薄膜;7—纸被;
8—前防寒沟;9—横向联结梁

光温室的缺点是东西两面山墙遮光面较大,上午东墙遮光、下午西墙遮光,使两墙附近的植株由于受光少而生长发育较差,果实成熟稍晚。

2.塑料大棚

塑料大棚多采用聚氯乙烯(PVC)膜、聚乙烯(PE)膜和醋酸乙烯(EVA)膜覆膜。同温室葡萄相比,塑料大棚具有投资少、效益高、设备简易、不受地点和条件限制等优点。

塑料大棚多由钢筋或木杆经焊接和搭成拱形骨架,上覆塑料薄膜而成。塑料大棚及其结构示意如图5-9所示。目前各地塑料大棚的种类很多,结构规格各异,大致有竹木结构和钢架两类。

(1)竹木结构塑料大棚。竹木结构大棚的棚顶为大半圆拱式,南北向建棚。一般长50米、东西宽12米,东西向每2米设1立柱,共有7根立柱直接顶在竹竿或竹片上,南北向每隔1米设1立柱,每排有立柱5根,共需357根立柱。立柱规格以直径3~4厘米为好。棚中心柱地上部高2.2米,两侧柱依次为2米、1.8米,边柱高1.6米。立柱上部用东西横梁连接,横梁用粗2~2.5厘米的竹竿连接,南北用粗2厘米左右的竹竿在立柱顶部向下30厘米左右处连接,防止东西向拉压膜线时受阻。竹木结构大棚优点是省工易建,成本低,多柱支撑牢固,缺点是作业不便。

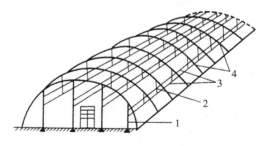

图5-9 塑料大棚及结构示意

1—立柱;2—短柱;3—拉杆;4—拱杆

（2）装配式镀锌薄壁钢管大棚。这类大棚高 2.5~3 米、跨度 8~12 米、长度 50~80 米，用直径 22 毫米×（1.2~1.5）毫米薄壁钢管制成拱架、拉杆、立杆（棚两头用），拱架间距 1 米左右，用卡具套管连接棚架组成棚体，以卡膜槽固定塑料薄膜。钢架大棚优点是棚内无支柱，作业方便，光照充足，有利于葡萄生长发育，覆盖薄膜方便。镀锌钢管大棚一般可用 10 年以上。

塑料大棚的优点是光照比日光温室好，全天棚内各部分都可均匀受到光照，而且增温迅速，即使在早春和晚秋季节，白天增温也很快。其缺点是散热快，保温性能较差。

3.加温玻璃温室

加温玻璃温室多用于年平均气温 15 ℃线以北的地区，在寒冷的冬季，以加热系统加热以提高室内温度。其加热系统可利用暖气、地热、电厂余热、火炉等。

加温玻璃温室应坐北朝南，在寒冷地区最好是半地下式的，地面低于田面 0.8~1 米，高度 2~3 米，后墙高度 2.5~3 米，前立窗高度 0.6~0.8 米、宽 7~9 米，后墙上部设一排高度 0.5 米左右的通风窗。玻璃屋面的框架由 40 毫米×40 毫米角钢焊接，采用厚度 5 毫米的平板玻璃或钢化玻璃。

加温玻璃温室由于有加热设备，所以可人为调节室内温度，可按需要选择加温时间，做到葡萄常年生产。但是这种温室投资大、生产成本高。

4.简易拱棚

（1）促成栽培。露地栽培埋土越冬的葡萄，于常规出土上架前 20 天左右出土，撤除防寒物，并搭设小拱棚。小拱棚的跨度一般为 1.5 米，拱棚中部高度 80 厘米，用 3 米长竹片搭成。拱架（竹片）距离为 80 厘米，竹片两端插入地下 15~20 厘米，拱架间用草绳拉紧固定，再覆 1.5 米宽薄膜两幅（或 3 米宽薄膜一幅），两边用土压严。小拱棚上每隔 1 米拉一个蹬线，用小木桩固定于拱棚两边，以便放风。这种设施可使葡萄提早成熟 15~20 天，使早熟品种能更早上市，提高商品价格。此外，简易拱棚对促进生育期较短地区的中、晚熟品种充分成熟亦有明显作用，单位面积收益可比露地葡萄提高 1~1.5 倍。这种设施栽培方式投资较少、效益高，深受果农的欢迎。

对于冬季不下架埋土植株可采用篱架栽培，有干双臂树形（T 字形）的葡萄植株可在植株上部搭设拱形框架，2—3 月沿行向铺设聚乙烯薄膜将葡萄树冠部分包括双臂以及臂上的多年生枝和一年生枝包住，可以使葡萄萌芽提前，果实提早成熟 2 周以上，同时可以减轻冻害和病害，提高果实品质，提高种植效益。

（2）延迟栽培。延迟栽培是指对大田篱架栽植的葡萄进行简单保护，使其延迟采收的方式。具体方法有两种：一是利用塑料篷布膜进行避霜保护法。覆盖前先以篱架葡萄（株行距 1 米×1.8 米）的石柱（或水泥柱）做支柱，在高出葡萄顶部叶片 10~15 厘米处，固定长 4 米左右的竹竿作为横梁，在葡萄上方形成牢固的框结构，然后覆盖塑料篷布膜，四周用绳索拉紧，防止大风吹翻。每三行葡萄为一结构体，四周不盖，以利通风。霜降前覆盖，覆盖后，昼夜不揭膜，直到小雪前后采收结束。二是塑料大棚保护法，即每 3~4 行葡萄为一结构体，利用两边行各立柱的顶端固定竹片做一拱形，拱高离葡萄顶端叶片 20~30 厘米，将各拱形竹片联结牢固，霜降前覆盖无滴膜。同时将四周用薄膜盖严，整个园形成一个连体大棚。白天揭开四周薄膜，通风降温，夜间将揭开薄膜放回原处用土压严保温。

采用这两种方法，可延迟采收葡萄 25 天左右，并可明显改善其品质，不仅丰富了果品市场，而且与常规种植相比收入可翻一番。

5.避雨棚

南方设施栽培葡萄主要为避雨棚（T 形架）栽培形式。采用避雨棚时，其扣棚时间一般在雨水来临之前，通常于 3—4 月进行。扣棚时选在原葡萄架立柱上部增设半拱形设施，其上再覆盖薄膜，防止雨水降落到葡萄枝叶蔓上，以达到防雨防病的目的。现在，避雨棚又被改进为保温避雨棚，即在早春气温较低时，将避雨棚下部围膜（或称裙膜）加长，使之达地面，用土压实，以利增温、保湿，使植株提早发芽、开花，到高温多雨季节将围膜撤掉，只留上部避雨部分。具体做法是：在原葡萄架水泥立柱上，增加一个拱形避雨架，横担长 50~60 厘米，将其固定在葡萄架的柱子顶端，用竹片做成半圆形架，先在拱架上拉 3~4 道 12 号铁丝，再覆上塑料薄膜后即形成避雨棚，如图 5-10 所示。如在多雨地区新建园，则制作水泥柱或截木柱时都要比一般柱加高 50 厘米，并在水泥柱上端制成 2 个小孔，以便固定保温避雨架。

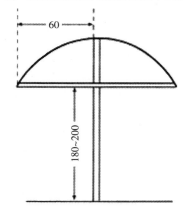

图 5-10 半拱式遮雨架（单位：厘米）

（1）水平棚架波形覆盖。采用水平棚架波形覆盖，可每 2.5 米一波，雨水在波谷流入排水沟，这样可尽量保护架面仅在波谷处受到雨淋，影响较小。水平棚架波形覆盖如图 5-11 所示。

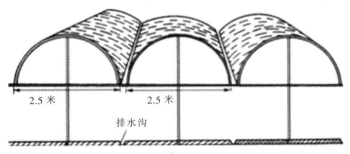

图 5-11 水平棚架波形覆盖示意

（2）镀锌钢管连栋大棚。镀锌钢管连栋大棚只覆盖顶部，可采用 2~5 连栋。连栋面积不能太大，否则易造成空气湿度大、夏季棚内温度过高的现象。也可用 2.7 米水泥柱为立柱，以长 6~7.5 米、直径 22~25 毫米镀锌钢管弯曲为拱管，单棚跨度5~6 米，形成连栋大棚，覆盖顶膜起到避雨作用。镀锌钢管连栋大棚及其结构示意如图5-12、图 5-13 所示。

图 5-12 镀锌钢管连栋大棚

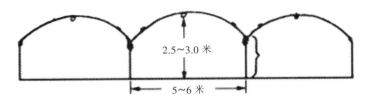

图 5-13 镀锌钢管三连栋大棚结构示意

（3）镀锌钢管单栋大棚。镀锌钢管单栋大棚按连栋大棚的单棚建造。其规格为：宽 5~6 米，背高 3 米左右，膜覆盖顶部，裙部 1~1.5 米不盖膜，如图 5-14所示。

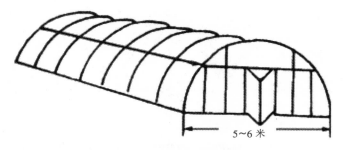

图 5-14　单栋大棚结构示意

（4）篱形架简易覆盖。T 形架和 Y 形架可采用在架上升高 60~90 厘米简易覆盖架法。薄膜边缘要用夹子固定在钢架上，薄膜扎好后，在上端每隔 1 米用压膜绳扎住，以防大风损坏。有些地方为节约成本采用竹竿或竹片代替弯形架。如图 5-15、图 5-16 所示为篱形架简易覆盖及其结构示意。

图 5-15　篱形架简易覆盖

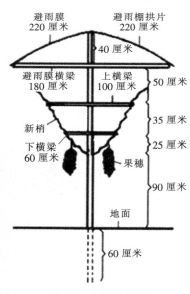

图 5-16　篱形架简易覆盖结构示意

三、设施栽培苗木的定植

1.苗木的定植模式

定植苗可选择 1 年生扦插的营养钵苗。一般冬季空闲的大棚或准备新建的大棚,可用1年生扦插苗。冬春种植蔬菜需倒茬的大棚,可在5月中下旬至6月初蔬菜收获后定植。营养钵苗同样可以达到翌年丰产的效果。

(1)一年一栽式。一般篱架式整形每年栽植1次,第2年采收后移出,另栽预备苗。采用等行距或大小行定植,栽植密度为每亩1 000株×2 000株,行株距可采用1米×0.5米、1米×0.6米、1.5米×0.5米×0.5米、1米×0.5米×0.4米等多种形式。栽前挖定植沟,采用单行定植,一般定植沟深度和宽度各0.5米,隔行开挖,将表土和底土分放,然后回填,回填时注意应先填表土,再填底土,同时混入足量充分腐熟的有机肥,最后灌透水。如采用大小行定植,则开沟宽度为60~80厘米。定植时挖小穴栽植苗木,用营养袋苗定植的大棚,在定植时把营养袋割开,带土坨栽植,成活率近100%。

(2)永久式。栽植一次,连年结果。通常也采用篱壁式整形。栽植密度每亩333~556株,株行距为(0.8~1)米×(1.5~2)米。

2.定植后的管理

(1)及时选留主蔓。一年一栽式大棚栽培葡萄,由于其栽植密度大,与传统的整枝方式有很大区别,一般采用独龙干整枝法,即定植后的苗木只留1个主蔓。定蔓的原则是留下不留上、留强不留弱,多余副梢全部疏除。永久式一般每株选留2~3个主蔓,选留原则与一年一栽式相同。

(2)分段摘心。主蔓新梢长到80厘米时进行第1次摘心,摘心后留顶端副梢继续延长生长,其余副梢留1片叶摘心,充分促进主蔓发育。当顶端保留的延长梢长到40厘米左右时,进行第2次摘心,副梢的处理同上。依此类推,进行第3次、第4次摘心。8月以后,如果植株生长势仍较强,则顶端可保留2~3个副梢延长生长,下部萌发的副梢可适当放长,留4~6片叶摘心。

(3)及时立柱绑蔓摘除卷须。主蔓长到30厘米左右时即可绑缚,以后每长30~40厘米绑缚1次。在绑缚的同时摘除卷须。

(4)强化肥水管理和病虫防治。苗木成活后,即可追施速效氮肥,后期(8—9月)宜多施磷钾肥,同时进行叶面喷肥。9月初开始挖沟并施入腐熟有机肥。生长季节注意天旱及时浇水。雨季注意排水,防止过涝。预防霜霉病和黑痘病,可交替使用波尔多液、乙磷铝。注意观察叶螨的发生情况,及早防治。

第六章 葡萄的树体管理

第一节 葡萄树的整形修剪技术

一、整形修剪的原理及作用

(一)葡萄树整形修剪的含义

1)整形

整形是指从葡萄幼树定植后开始,把植株剪成既符合其生长结果特性,又适于不同栽植方式、便于田间管理的树形,直到树体的经济寿命结束这一过程。整形的主要内容包括以下三个方面。

(1)架式。葡萄是藤本攀缘果树,必须借助于架材才能直立生长。实际生产中,应根据园址的地形地势、品种的特点、需要埋土防寒与否等条件确定葡萄的架式,然后根据架式和栽植的密度来具体确定葡萄的树形,最后根据不同树形的要求和特点及注意事项完成整形。

(2)主干(或主蔓)高低的确定。主干(或主蔓)是指植株从地面开始到第一结果枝组分枝处的高度。主干(或主蔓)的高低和树体的生长速度、增粗速度呈反相关关系。栽培生产中,应根据葡萄建园地点的架式、冬季是否需要埋土防寒、土壤肥力、灌溉条件、栽植密度、生长期温度高低、管理水平等方面进行综合考虑。一般情况下,有利于树体生长的因素越多,定干可高些,反之则应低些。冬季需要埋土防寒的地区,葡萄树最好选择无主干(多主蔓)或细主干树形,以利于弯曲和埋土。

(3)主蔓的数目。主蔓是指构成葡萄树体构架的大枝。主蔓选留的原则是:在能充分满足占满空间的前提下,主蔓越少越好,修剪上真正做到"大枝亮堂堂,小枝闹攘攘"。

2)修剪

在葡萄的整形过程中和完成整形后，为了维持良好的树体结构，使其保持最佳的结果状态，每年都要对树冠内的枝条于冬季适度进行疏间、短截和回缩，于夏季采用抹芽、除梢、摘心等技术措施，以便在一定形状的树冠上，使其枝组之间新旧更替，结果连续，直到树体衰老不能再更新为止。

(二)葡萄树整形修剪的作用

果树整形修剪的作用是为了使植株早结果、早丰产，延长其经济寿命，同时获得优质的果品，提高经济效益，使栽培管理更加方便省工。具体来说，整形修剪的作用有以下几点。

(1)通过修剪完成葡萄树的整形。通过修剪，使果树有合理的架式，结果枝分布均匀，伸展方向和着生角度适宜，主从关系明确，树冠骨架牢固，与栽培方式相适应，为丰产、稳产、优质打下良好的基础。同时，通过修剪还可使树冠整齐一致，每个单株所占的空间相同，能经济地利用土地，并且便于田间的统一管理。

(2)调节生长与结果的关系。果树生长与结果的矛盾是贯穿于其生命始终的基本矛盾。果树开始结果以后，其生长与结果便同时存在，二者相互制约、对立统一，在一定条件下可以相互转化。修剪主要是应用果树这一生物学特性，对不同架式、不同品种、不同树龄、不同生长势的葡萄树，适时、适度地做好转化工作，使生长与结果建立起相对的平衡关系，做到树健壮、果优良。

(3)改善树冠光照状况，加强光合作用。葡萄果实中，90%~95%的有机物质都来自光合作用，因此要获得高产，必须从增加叶片数量、增大叶面积系数、延长光合作用时间和提高叶片光合率等四个方面入手。整形修剪可在很大程度上对上述因素发生直接或间接的影响。其中的选择适宜的架式、合理开张骨干枝角度、适当减少主蔓数量、降低干高、控制好结果枝组等，可改善园区局部或整体光照状况，使叶片光合作用效率提高，有利于成花和提高果实品质。

(4)改善树体营养和水分状况，更新结果枝组，延长树体衰老。整形修剪对果树的一切影响都与改变树体内营养物质的产生、运输、分配和利用有直接关系。如修剪能提高枝条中水分含量，促进营养生长；抹芽、除梢、摘心可以提高剩余枝条的碳水化合物含量，从而使碳氮比增加，有利于花芽形成，提高果实品质。同时，通过对结果枝的更新修剪，可做到"树老枝不老"。

总之,整形与修剪可以对果树产生多方面的影响,不同的修剪方法有不同的作用。实际生产中,应根据果树生长结果习性,因势利导,恰当灵活地应用修剪技术,使其在果树生产中发挥积极的主要作用。

(三)修剪对不同葡萄树的具体作用

修剪技术是一个广义的概念,不仅包括修剪,而且包括许多作用于枝、芽等方面的技术,如抹芽、除梢、摘心等。整形修剪的主要作用是可调整不同架式结构的形成,调整果园群体与果树个体以及个体各部分之间的关系。

1.修剪对葡萄幼树的作用

修剪对幼树的作用可以概括成8个字:整体抑制,局部促进。

1)局部促进作用

修剪后,可使剪口附近的新梢生长旺盛,叶片大,叶色浓绿。

(1)修剪后,由于去掉了一部分枝芽,可使留下来的分生组织,如芽、枝条等,得到的树体贮藏养分相对增多。根系、主干、大枝是贮藏营养的器官,修剪时对这些器官没影响,剪掉一部分枝后,使贮藏养分与剪后分生组织的比例增大,碳氮比及矿质元素供给增加,同时根冠比加大,所以新梢生长旺,叶片大。在栽培生产中,这种现象被称作"修剪如施肥"。

(2)修剪后枝条中促进生长的激素增加。据测定,修剪后的枝条,其内细胞激动素的活性比未修剪的高90%、生长素高60%。这些激素的增加,主要出现在生长季,可促进新梢的生长。

2)整体抑制作用

修剪可以使全树生长受到抑制。由于去掉了部分枝条,所以总叶面积减少,树冠、根系分布范围减少。修剪越重,抑制作用越明显。

(1)修剪剪去了一部分同化养分。葡萄修剪后,平均每亩可节约养分纯氮4千克、磷1.257千克、钾3.7千克,相当于全年养分吸收量的6%~9%,很多碳水化合物被剪掉了。

(2)修剪时剪掉了大量的枝条,使新梢数量减少,因此叶片减少,碳水化合物合成减少,影响根系的生长。根系生长量变小,从而抑制了地上部植株生长。

(3)伤口的影响。修剪后伤口愈合需要营养物质和水分,进而对树体有抑制作用。一般来说,修剪量越大、伤口越多,抑制作用越明显。所以,修剪时应尽量减少或减小伤口面积。

目前,在密植栽培的前提下,葡萄幼树在生产上采取的修剪原则是:轻剪、多留枝,早成花芽早结果,整形结果两不误。

2.修剪对葡萄成年树的作用

1)成年树的特点

成年树的特点是枝条分生级次增多,水分、养分输导能力减弱,生长点多、叶面积增加,水分蒸腾量大,水分状况不如幼树。由于大部分养分用于花芽的形成和结果,所以使植株生长变弱,生长和结果失去平衡。植株营养不足时,会大量落花落果,导致产量不稳定,果实品质变差。

2)修剪的作用

修剪成年葡萄树的作用主要表现在以下几个方面。

(1)通过修剪,可以把衰弱的枝条和细弱的结果枝疏掉或更新,改善分生组织与树体贮藏养分的比例。同时,配合营养枝短截,可有效改善水分输导状况,增加营养生长态势,起到更新的作用,使营养枝增多、结果枝减少,光照条件得到改善。成年树的修剪作用更多地表现为促进营养生长、改善生长和结果的平衡关系。连年修剪可以使树体健壮,实现两年丰产的目的。

(2)延迟树体衰老。利用修剪经常更新复壮枝组,可防止秃裸、延迟衰老。对一些衰老树用重回缩修剪配合肥水管理,能使其更新复壮,延长其经济寿命。

(3)提高坐果率,增大果实体积,改善果实品质。这些作用对水肥不足的植株效果更明显。对一些水肥充足的树如修剪过重,则可导致其营养生长过旺,降低坐果率,使果实变小,品质下降。

修剪对成年树的影响时间较长,这是因为成年树中树干、根系贮藏营养多,对根冠比的平衡需要的时间长。

二、整形修剪的依据及时期

(一)整形修剪的依据

做好葡萄树的整形修剪工作必须考虑以下几个因素。

1.不同品种的特性

品种不同,其生物学特性也不同,如在花芽形成难易、花芽分化节位的高低、生长势强弱、果实是否着色、果穗的大小等方面都有差异。在整形修剪时,只有根据不同品种的生物学特性,切实采取针对性的整形修剪方法,才能做到因品种科学修剪,发挥品种生长结果特点。

2.树龄和树势

树龄和树势虽为两个因素,却有着密切关系。幼树至结果前期,一般树势旺盛,生长势力强;盛果期树生长势中庸或偏弱,生长势力弱。在修剪上,前者应做到:小树助大,轻剪留枝,多留花芽多结果,迅速扩大树冠;后者要求大树防老,具体做法是适当重剪、适量结果、稳产优质。

3.修剪反应

修剪反应是制定合理修剪方案的依据,也是检验修剪好坏的重要指标。即使是同一种修剪方法,由于枝条生长势有旺有弱、状态有平有直,其反应也截然不同。修剪反应要从以下两个方面考虑:一是要看局部表现,即剪口、锯口下枝条的生长、成花和结果情况;二是看全树的总体表现,是否达到了所要求的状况、调查过去哪些枝条剪错了、哪些枝条修剪反应较好。果树的生长结果表现就是对修剪反应客观而明确的回答,只有充分了解了植株的修剪反应,再进行修剪才能做到心中有数、正确修剪。

4.自然条件和栽培管理水平

在不同的自然条件和管理水平下,树体的生长发育差异很大。修剪时应根据具体情况,如年均温度、降水量、技术条件、肥水条件,分别采用适当的树形和修剪方法。

(二)冬季修剪

1.冬季修剪的目的

(1)埋土防寒区。有些地区冬季寒冷,葡萄枝蔓需埋土防寒才能正常越冬。为了结合埋土防寒,最佳冬剪时间应在葡萄树落叶后到土壤上冻前。因为在这段时间,葡萄树的养分已经回流,对其进行修剪不会造成太多养分流失,同时通过修剪,去掉部分枝条,减少枝蔓数量,便于埋土防寒。

(2)露地越冬区。最佳冬剪时间为天气转暖、树液流动前的这段时间。因为葡萄在露地越冬情况下,没有保护,修剪过早,枝条数已经确定,若遇到冬季寒冷,发生冻寒,则可导致芽或枝条死亡,对来年产量造成重大影响。所以,在天气转暖、树液流动前这段时间进行修剪比较安全。

2.枝条剪留长度的确定

根据单枝留芽量的多少,将枝条剪留长度分为以下5种。

①极短梢修剪,只保留1~2节或仅留茎基部的芽;②短梢修剪,留2~4节;③中梢修剪,留5~7节;④长梢修剪,留8节以上;⑤超长梢修剪。葡萄结果母枝的剪留长度如图6-1所示。

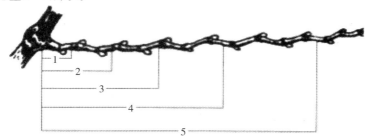

图6-1 葡萄结果母枝的剪留长度

1—极短梢修剪;2—短梢修剪;3—中梢修剪;4—长梢修剪;5—超长梢修剪

修剪长度主要根据品种特性、形成花芽节位的高低、一年生枝条芽的发育情况和树形、架式等具体确定。篱架多以短、中梢修剪为主;棚架龙干整枝,为方便埋土防寒,多以短梢修剪为主;幼龄树整形阶段,多以长梢修剪为主;结果枝和发育枝要中长梢修剪,预备枝用短梢或极短梢修剪。

一些生长势旺、结果枝率较低、花芽着生部位较高的品种如龙眼、牛奶等,对其结果母枝多采用长、中梢修剪;而一些生长势中等、结果枝率较高、花芽着生部位较低的品种如玫瑰香等,多采用中、短梢混合修剪。

总之,葡萄树的修剪长度不是一成不变的,应根据具体情况灵活运用。

3.冬剪留芽量的确定

冬剪留芽量是指葡萄单株或一定栽培面积上所有植株,在冬剪时剪留的总芽数。留芽量决定下年生长周期内植株的生长量和产量,在栽培上有重要意义。生产上一般只考虑成龄结果树的留芽量。

管理水平、架面大小、期望产量、品质要求,品种自身的萌芽率、成枝率、结果率、果穗重,以及树势强弱等都是影响留芽量多少的因素。

实际生产中，可先根据管理水平、树体状况定出单位面积的产量指标，再根据所栽品种的萌芽率、成枝率、每果枝平均穗数和穗重，通过计算得出预定产量下的留芽量。可以参考一个简单的公式：

总留芽量 = 产量 /（平均果穗重 × 成枝率 × 萌芽率 × 结果率）

公式中的计算因子受环境因素影响较大，具体留芽量应根据自己园地的实际情况，灵活应用该公式进行计算。

4.对葡萄进行更新管理的方法

对葡萄树进行更新修剪主要有结果母枝的单枝更新、双枝更新以及主蔓更新等 3 种方法。

1）单枝更新

又叫一换一修剪法。单枝更新指冬季修剪只留 1 个当年生枝进行中、短梢修剪，待来年春天萌发后，尽量选留基部生长良好的一个新梢，以便冬剪。作为次年的结果母枝用长枝单枝更新，可结合弓形引缚，使各节均匀萌发新梢，有利于次年的回缩。单枝更新如图 6-2 所示。

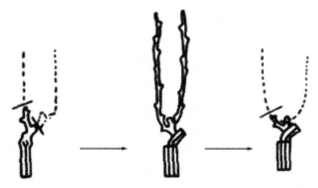

图 6-2 单枝更新

单枝更新方法简便、易于掌握，注意第二年春天要认真做好抹芽定枝的夏季管理工作。

2）双枝更新

又叫二换二修剪法。双枝修剪是指冬季修剪时在每个结果枝组上留 2 个靠近老蔓的充分成熟的 1 年生枝，上面 1 个适当长留用作来年的结果母枝，下面 1 个短留用作预备枝。结果后冬剪时将上部已经结过果的枝条疏除，从下部预备枝上所抽生的枝梢中选近基部的 2 个枝梢，其中上面 1 枝作为下一年的结果母枝长留，下边枝作为预备枝短留,每年均照此法修剪。双枝更新留芽量大,易丰产。双枝更新如图 6-3 所示。

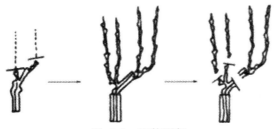

图 6-3 双枝更新

3)主蔓更新

随着树龄增加,枝蔓年年修剪,加之埋土防寒时植株根部有时会受伤,枝蔓生长势会逐渐转弱,使结果部位上移,造成下部光秃、结果能力降低,必须及时进行主蔓更新。主蔓更新方法有全部更新、局部更新、压蔓更新等。

(1)全部更新。多主蔓扇形整枝的树形有较多的主蔓,当其中的一条主蔓衰老后,直接从基部截断,刺激隐芽萌发,从这些隐芽萌发的新梢中选出 1~2 个新梢,按照多主蔓扇形整枝方法培养成主蔓。并按照此种方法对其余主蔓轮流进行更新。

(2)局部更新。对先端衰老、后部还有较好的结果部位的多年生主蔓,可回缩到生长强壮的枝蔓上,除掉先端衰弱部分,以起到更新复壮的作用。

(3)压蔓更新。对于先端有较好的枝条而中后部光秃的主蔓,可以在上架时将发生秃裸的主蔓部分埋于地下,进行压蔓更新,培养新植株。

(4)绑蔓技巧

冬剪后或春季出土后,要按树形和修剪要求及时进行绑蔓上架。架面应注意不留空当,使枝蔓均匀分布在架面上。骨干枝要根据树形要求来确定绑缚方向和位置。结果母枝的绑缚,按整形要求进行直立、倾斜或水平绑蔓等。

葡萄蔓的固定引缚常用"猪蹄扣"法,如图 6-4 所示。这种方法,既可使绑扎材料牢固绑在架面铁丝上,同时又给新梢留有加粗生长的余地。

图 6-4 猪蹄扣捆绑法

(三)夏季修剪

1.夏季修剪的目的

葡萄的新梢在整个生长期内,只要条件适宜就可无限延伸生长,并抽生多级副梢,如不加控制将导致架面郁闭、通风透光不良、病害发生严重、枝梢衰弱或徒长,造成花芽分化不良,严重影响果实产量和品质。通过夏季修剪可以削弱这些不良影响。

2.夏季修剪的内容

夏季修剪主要包括抹芽、定梢、新梢引缚、主蔓摘心、副梢处理、疏花疏果、果穗修整、去除卷须、摘除老叶及剪梢等技术措施。

3.抹芽和定梢

抹芽多于芽萌发(1~5厘米)时进行,去除双芽或多芽中的弱芽与多余芽,只保留1个已萌发的主芽,如图6-5所示。同时,要将多年生蔓上萌发的隐芽除留作培养预备枝以外全部抹除。幼龄树主要是扩大树冠,应除去易发生竞争枝的芽、干扰树形的芽及过瘪的芽。一般来说,成年树比幼龄树抹芽要多些,老龄树抹芽要重,树势偏旺抹芽要轻些,树势偏弱抹芽要重些。

定梢多在新梢已显露花序(5~20厘米)时进行。定梢不宜过早,也不宜过迟,过早分不出结果枝,过晚会消耗大量养分。定梢就是要选定当年需保留的全部发育枝。定梢时要注意抹除徒长新梢,这些新梢争夺养分、叶大遮阴,将会影响整个树体生长和树形结构,使良好的新梢处于营养劣势和郁闭位置。徒长新梢常发生于棚篱架上。

图6-5 抹芽示意

通过抹芽定梢,树体上保留的一定数量的新梢,这就是留枝量。留多少新梢应视具体情况而定。一般来说,单壁篱架栽培的葡萄,以架面上每隔 8~10 厘米留 1 个新梢为宜,双壁篱架每架面以每隔 14~16 厘米留 1 个新梢为宜,棚架 1.2 米架面可留 10~13 个新梢。留梢量必须有适度范围,如果留梢量过多,则叶幕封闭、通风透光不良,开花前不除梢,会影响授粉坐果,病虫害严重,也影响以后浆果的品质;如果留梢量过少,则叶面积不足,产量减少,浪费架面空间。

4.新梢绑缚

新梢绑缚就是在生长季节将新梢合理绑缚在架面上,使之分布合理均匀,一方面使架面通风透光,另一方面能调节新梢的生长势。具体操作时,应根据枝蔓的强弱不同,采取不同姿势的绑缚技术。强枝要倾斜绑缚,特强枝可水平或弓形引绑,这样可以促进新梢基部的芽眼饱满,如图 6-6 所示;弱枝要求直立绑缚,小棚架独龙干树形的新梢要求弓形绑缚。绑缚时要防止新梢与铁丝接触,以免磨伤新梢。新梢要求松绑,以利于新梢的加粗生长。铁丝处要扣紧,以免移动。绑缚新梢的材料有塑料绳、稻草等。一般采用双套结绑缚,双套结结扣在铁丝上不易滑动。

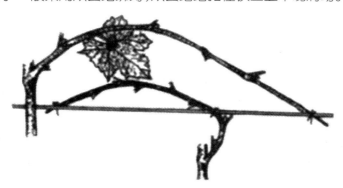

图 6-6 葡萄新梢的弓形引绑

5.新梢摘心

新梢摘心,俗称打尖、打头,即摘除新梢先端的幼嫩部分。新梢摘心是夏剪的一项重要技术,其主要作用在于调节生长与结果之间的矛盾,可有效提高坐果率,促进新梢加粗生长和花芽分化。生长上最有意义的是花前新梢摘心,它可以使营养生长暂时减缓,使养分在一定时间内主要集中到开花坐果上,有效提高坐果率。尤其是对于一些旺长树和易落花落果的品种,新梢摘心效果明显。

新梢摘心时期和方法:新梢花前摘心一般在花前 1 周至始花期进行。新梢花前摘心的强度主要根据新梢的生长势而定。一般认为,在结果枝最上花序前,以强枝留 6~7 片叶、中壮枝留 5~6 片叶、弱枝留 3~4 片叶摘心为宜。对生长势强的品种强枝摘心轻一些,或在摘心口处多留副梢。发育枝的摘心类似结果枝的处理,因不需考虑结果故可适当放轻。

6.副梢处理

副梢处理常用果穗上副梢全留和保留先端副梢两种方法。

(1)果穗上副梢全留。主梢摘心后,将花序下的副梢全部抹除,花序上的副梢则全部保留,并对顶梢以下的副梢留 1~2 片叶反复摘心,先端 1~2 个副梢保留 3~4 片叶反复摘心。这种方法虽然费工,但能有效增加叶量,对于易发生日灼或冬芽易萌发的品种,宜采用此种方法处理副梢。对于幼树和架面较空部位的新梢,应充分利用副梢来增加分枝和叶量,在这种情况下可适当保留副梢并轻摘心。

(2)保留先端副梢。主梢摘心时仅在摘心口处保留 1~2 个副梢,其余副梢全部抹除。先端副梢生长后留 3~6 片叶摘心。2 次副梢也只留先端 1~2 个,留 3~4 片叶摘心。以后级次的副梢亦照此处理。副梢留叶多少视架面情况而定,梢多叶密少留,反之多留。保留先端副梢处理方法较简便,在大面积葡萄园中被广泛采用。

7.除卷须、摘除老叶

葡萄的卷须是无用器官,会消耗养分,影响葡萄绑蔓、副梢处理等作业,生产中应及时除卷须。一般摘去葡萄幼嫩阶段的卷须生长点即可。

葡萄老叶黄化后失去了光合作用的效能,影响通风透光,易于病虫害的传播,应及时除去。

三、主要树形及整形方法

(一)单壁篱架单蔓形

1.单壁篱架单蔓形特点

适于密植葡萄园,株距为 60~70 厘米,每株只有一个主蔓,从地面 40 厘米处留一个结果枝组,间隔 10 厘米留第二个结果枝组。依此类推,单株可留 5~7 个结果枝组,每年采用单枝更新或双枝更新修剪法进行修剪即可。单壁篱架单蔓树形如图 6-7 所示。

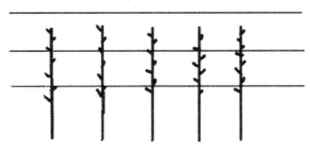

图 6-7　单壁篱架单蔓树形

　　（1）优点。单壁篱架单蔓形是目前葡萄生产上流行的修剪架式。其整形容易、成形快、易于操作、结果早。结果部位在单主蔓上分布均匀、紧凑，结果新梢多、光照好、果实品质好。

　　（2）缺点。单蔓过粗，埋土防寒时易造成劈裂。劈裂若发生在更新结果部位则产量易受影响。

2.单壁篱架单蔓形整形方法

　　（1）按株距 60~70 厘米、行距 1.6~2.0 米定植。定植后，每株树只留一个新梢向上生长，所有副梢留 1~2 片叶摘心。当年加强水肥管理，新梢长到 1.6~1.8 米、粗度达到 1.2 厘米左右摘心。

　　（2）第一年冬季修剪时自地面以上留 70~80 厘米剪截。萌芽后，从 45 厘米处开始留芽，下部全部抹除。上部每间隔 10 厘米留一芽作为结果枝，共留 4~5 个结果枝。

　　（3）第二年冬季修剪时，顶端枝条留 40 厘米左右修剪。萌芽后，留 3~4 个结果枝，每个结果枝间隔 10 厘米左右。下部枝条应进行短梢修剪，即单枝更新。

　　（4）第三年及以后冬季修剪时，所有枝条都进行短梢修剪即单枝更新。夏剪时应注意控制树势。

(二)扇形整枝

扇形整枝主要包括多主蔓自由扇形整枝、多主蔓分组扇形整枝。

1.多主蔓自由扇形整枝

多主蔓自由扇形是我国葡萄生产上采用的古老的树形，目前，我国一些老葡萄园区仍在应用。

（1）多主蔓自由扇形整枝特点。无主干，只有从地面上生出的 3~4 个主蔓，主蔓在架面上成扇形分布。各主蔓上着生的侧枝、结果枝组及新梢的数量和分布根据枝蔓生长情况和架面空间大小而定，没有一定规律。多主蔓自由扇形如图 6-8 所示。

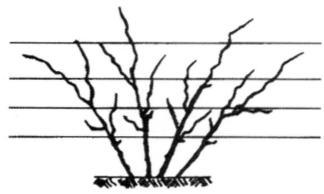

图 6-8　多主蔓自由扇形

优点：可充分利用架面，成形快，利于早结果、早丰产。

缺点：修剪技术较难掌握，无规则。修剪时既要考虑枝蔓的合理分布，发挥架面效能，又要因树、因地、因枝而异，灵活运用。掌握不好易造成枝蔓密集、通风透光条件差、病虫害严重等问题。

（2）篱架多主蔓自由扇形的整形方法。定植当年，对萌发的新梢，采用夏剪技术培养 2~4 个生长一致的粗壮新梢作为主蔓。方法是：对选定的主蔓不摘心，只抹除主蔓上萌发的副梢，促其快长，当主蔓长到第二道铁丝高时进行摘心。8 月中旬，即使主蔓没有长到第二道铁丝高也要进行主蔓摘心，促使枝蔓成熟。对摘心后主蔓上再次萌发的副梢，只留顶部副梢，其余的副梢全部抹除。对留下的副梢也只留 3~4 片叶进行摘心，以后萌发的副梢均照此处理。冬季根据新梢生长的粗细情况分别在粗度为 0.7~1 厘米处截断，对剪后低于第一道铁丝的枝蔓，在春季留 2~3 个芽进行短截，重新培养主蔓。

第二年春季，对主蔓第一道铁丝以下的芽萌发的新梢，除重新培养主蔓的新梢外，全部抹除。第一道铁丝以上的主蔓，其顶部 2 个芽以下的芽萌发的新梢，如带有花序则留下结果，培养成结果枝，对无花序的新梢，则培养成结果母枝或侧枝。结果母枝的培养方法是：当新梢长到 3~4 片叶时进行摘心，摘心后发出的副梢，只留顶部的副梢,其余的副梢全部抹除,留下的副梢也只留 3~4 片叶进行摘心,以后再发出的二级或三级副梢也照此处理。春季短截的枝蔓,要从基部留 1~2 个新梢,当新梢长到 6~7 片叶时进行摘心,只留顶部 1 个副梢,其余的副梢全部抹除。留下的副梢也只留 3~4 片叶进行摘心,以后再发出的副梢依此处理。

对顶芽抽生的新梢,应待其长到第三道铁丝高时再进行摘心。新梢萌发的副梢,每隔 20~30 厘米留一副梢,将副梢培养成结果母枝或侧枝。第二芽抽生的新梢培养成侧枝,具体方法是:当新梢长到 6~7 片叶时进行摘心,对于它上面萌发的副梢,选择间距为 20 厘米的健壮新梢将其培养成结果母枝。

冬季修剪时,可于主蔓延长枝在茎粗为 0.7~1 厘米处截断;侧枝在第一次摘心处截断。粗度在 0.7 厘米以上的结果母枝和结果枝留 3~4 个芽进行短截修剪,粗度在 0.7 厘米以下的结果母枝可从基部疏除。新培养的主蔓在第二道铁丝处进行截断。

第三年全株大量结果,夏季修剪时主要是培养枝组。结果枝组由结果母枝、结果枝和预备枝组成。在抹芽定梢和疏除花穗时,结果母枝基部芽眼抽出的新梢,一般将花序疏掉,留作预备枝,结果母枝前端萌发的新梢,选健壮的新梢留 1~2 个花序结果,即结果枝。侧枝上萌发的新梢,如带有花序则留下结果,如是无花序的新梢,则每隔 20 厘米培养成一个结果母枝或侧枝。新培养的主蔓按培养第二年高于第一道铁丝枝蔓的方法进行培养。冬季修剪时,将结果母枝上的结果枝剪掉,留下预备枝进行更新。其余的修剪方法同第二年冬剪的方法。

第四年主要是更新枝组和调整全株上下左右树势均衡,并根据树势、架面空间,灵活运用长(留 7 个芽以上)、中(留 5~6 个芽)、短(留 3~4 个芽)梢相结合的修剪方法。

2.多主蔓分组扇形整枝

多主蔓分组扇形多用在篱架上。

(1)多主蔓分组扇形整枝特点。将 3~4 个主蔓分 3~4 组均匀分布在架面上,各主蔓上培养 3~5 个结果枝组,全树枝组数量,根据架面大小、品种特性及生产目的而定。多主蔓分组(规则)扇形如图 6-9 所示。

优点:修剪技术较简单,架面枝蔓分布规则均匀,通风透光好,树势稳定,产量和品质较高。

缺点:枝蔓易上强下弱,应及时更新。

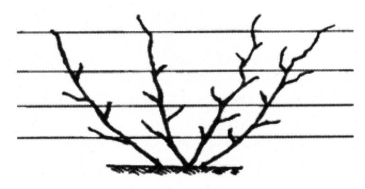

图 6-9　多主蔓分组(规则)扇形

(2)多主蔓分组扇形整形。葡萄树定植当年,按照前面介绍的方法从地面培养2~4个生长一致的健壮主蔓,冬季修剪时,在主蔓粗度0.7~1厘米处截断。

定植第二年春季,将第一道铁丝下、第一芽萌发的新梢培养成侧枝,在侧枝上培养3~4个结果母枝,下面的新梢全部抹除。第一道铁丝以上、顶部2个芽以下的芽萌发的新梢,如带有花序可以留下结果,但不能留得过多,以免影响主蔓生长;如未带花序则留3~4片叶进行摘心,培养成结果母枝。顶芽抽生的新梢长到第三道铁丝高时,进行摘心。新梢上萌发的副梢,选择离第二道铁丝最近的副梢培养成侧枝,其余的副梢每隔20~30厘米留一强壮副梢,将其培养成结果母枝。顶部副梢留3~4片叶反复摘心,培养成延长枝。第二芽抽生的新梢如带有花序,则留下结果;如无花序,则培养成结果母枝。

定植第二年冬季对主蔓在第一次摘心处截断,侧枝留6~7个芽截断。粗度在0.7厘米以上的结果母枝和结果枝留3~4个芽进行短截修剪;粗度在0.7厘米以下的结果母枝,可从基部疏除。

定植第三年和第三年以后的修剪方法与篱架多主蔓自由扇形的整形技术基本相同。

(三)单干单双臂水平树形

1.单干单双臂水平树形特点

有主干,如果主干上分生有两个主蔓,则先将两主蔓分别向两个方向水平引缚于铁丝上,然后在其上各培养3~5个结果母枝,这种树形叫单干双臂水平树形,如图6-10所示;如果主干上无分生主蔓,则可将主干直接水平引缚于铁丝上培养结果母枝,这种树形叫单干单臂水平树形,如图 6-11 所示。

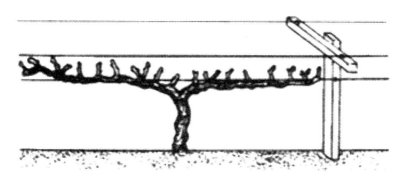

图 6-10 单干双臂水平树形

图 6-11 单干单臂水平树形

优点:枝蔓分布有规则,修剪技术简单。

缺点:结果面小、产量低,不易更新。

2.单干双臂形的整形方法

在栽植的当年,首先培养主干,在埋土防寒地区干高可定在 10~30 厘米,不需要埋土防寒地区采用较高主干,定干高 60~70 厘米。摘心以后,将基部副梢除去,留顶端 3 个副梢,待长至半木质化时再除去 1 个副梢,留 2 个副梢作为两个臂枝,向两侧引缚,两臂枝长到 50 厘米以上摘心,以后控制二次副梢发生。次年在每一臂上每隔 20~30 厘米培养一个结果母枝,结果母枝留 2~3 个芽眼进行短梢修剪;或每隔一定距离培养一个结果枝组,即有一个结果母枝用于结果,并留 7~12 个芽眼进行长梢修剪,另一个为预备枝,进行短梢修剪。

(四)龙干形

1.龙干形特点

植株自地面或主干上培养出一个到多个主蔓,每个主蔓(龙干)从架面后部一直延伸到架面前部。龙干上不培养侧蔓,每隔15~20厘米培养一结果母枝。主蔓是一条龙干的称单龙干,两条龙干称双龙干,两条以上龙干称多龙干,如图6-12所示。

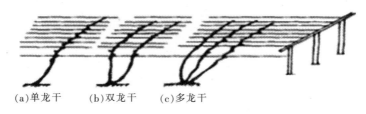

(a)单龙干　(b)双龙干　(c)多龙干

图6-12　龙干形葡萄植株

优点:结果部位在龙干上分布均匀、紧凑,结果新梢多,光照好,果实品质好。

缺点:龙干若过粗,防寒埋土时易造成劈裂。劈裂若发生在更新结果部位则产量易受影响。

2.棚架龙干形整形方法

葡萄定植当年萌芽后,从地面培养1~4个主蔓,每个龙干只留顶部新梢生长,其余新梢全部抹除。当新梢长到1.5米时(达第一道铁丝上以后)进行摘心,摘心后萌发的副梢顶端新梢留3~5片叶进行反复摘心,其余副梢留1~2片叶反复摘心。冬剪时,龙干在第一摘心处截断并引缚于架上。

第二年春季,对70厘米以上、顶部新梢以下生长的新梢,每隔30厘米留一个强壮新梢,新梢留3~4片叶进行反复摘心,培养成结果母枝。顶芽萌发的新梢长到第三道铁丝高后进行摘心。摘心后顶芽以下重新萌发的副梢每隔20~30厘米留一副梢,待其长到3~4片叶时进行摘心。这些副梢上发出的二级副梢,只留顶部,其余的全部抹除,留下的副梢只留3~4片叶进行摘心。以后再发出的三级、四级等副梢也照此处理,将副梢培养成结果母枝。对龙干70厘米以下的新梢则全部抹除。

第二年冬剪时,在龙干粗度为0.7~1厘米处进行短剪,结果母枝留3~5节进行短截。

第三年以后,葡萄树开始大量结果,修剪工作主要是稳定树势和对结果母枝的更新。

四、整形修剪技术的创新

1.注意调节平衡关系

在葡萄树整形修剪过程中，特别要注意调节植株内各个部位生长势之间的平衡关系。

单个植株多由许多大枝和小枝、粗枝和细枝、壮枝和弱枝组成，而且有一定的高度。因此，在进行修剪时，要特别注意调节树体枝、条之间生长势的平衡关系，避免出现偏冠、结构失调、树形改变、结果部位外移、内膛秃裸等现象。具体来说，要从以下三个方面入手。

（1）上下平衡。在同一株树上，上下都有枝条。上部的枝条光照充足、通风透光条件好，枝龄小，加之顶端优势的影响，生长势会越来越强；而下部的枝条，光照不足，开张角度大，枝龄大，生长势会越来越弱。如果在修剪时不注意调节这些问题，久而久之，就会造成上强下弱树势，结果部位上移，出现上大下小现象，给果树管理造成很大困难，进而可致果实品质和产量下降，严重时会影响果树的寿命。整形修剪时，一定要采取"控上促下，抑制上部、扶持下部，上小下大、上稀下密"的修剪方法和原则，使树势上下平衡、上下结果、通风透光，达到延长树体寿命、提高产量和品质的目的。

（2）里外平衡。生长在同一个大枝上的枝条常有里外之分。内部枝条见光不足，结果早，枝条年龄大，生长势逐渐衰弱；外部枝条见光好，有顶端优势，枝龄小，没有结果，生长势越来越强。这种情况，如果不加以控制，任其发展，则会造成内膛结果枝干枯死、结果部位外移、外部枝条过多、过密，果园郁闭。修剪时，要注意外部枝条去强留弱、去大留小、多疏枝、少长放，内部枝条去弱留强、少疏多留、及时更新复壮结果枝组，以达到外稀里密、里外结果、通风透光、树冠紧凑的目的。

（3）相邻平衡。中央树干上分布的主枝较多，这些主枝开张角度有大有小、生长势有强有弱，粗度差异大。如果任其生长，则会造成大吃小、强欺弱、高压低、粗挤细等现象，影响树体均衡生长，造成树干偏移、偏冠、倒伏、郁闭等不良现象，给管理带来很大的不便。修剪时，要注意及时解决这一问题，通过控制每个主枝上枝条的数量和主枝的角度来促进相邻主枝之间的平衡关系，使其尽量一致或接近，达到一种动态的平衡关系。具体做法是：粗枝多疏枝、细枝多留枝；壮枝开角度、多留果，弱枝抬角度、少留果。坚持常年调整，保持相邻主枝平衡，树冠整齐一致，单株占地面积相同，大小、高矮一致，便于管理，为丰产、稳产、优质打下牢固的基础。

2.整形与修剪技术水平没有最高，只有更高

果园栽植的每棵树在生长、发育、结果过程中，均与大自然提供的环境条件和人类供给的条件密不可分。环境因素很多，也很复杂，包括土壤质地和肥力、土层厚薄、温度高低、光照强弱、空气湿度、降水量、海拔高度、灌排水条件、灾害天气等。人为影响因素也很多，包括施肥量和施肥种类、要求产量高低、果实大小和色泽、栽植密度等，这些因素或多或少会对整形和修剪方案的制定、修剪效果的好坏、修剪的正确与否等产生直接或间接的影响，而且这些影响有些当年就能表现出来，有些影响要几年甚至多年以后才能表现出来。下面举一个例子说明修剪的复杂性和多变性：20世纪60年代末期，在北京南郊的一个丰产苹果园曾举行过一次果树冬季修剪比赛，要求有苹果树栽植经验的省、市各派两个修剪高手参加，每个人修剪5棵树，一年后，根据树体当年的生长情况和产量、品质等多方面的表现，综合打分，结果是北京选手得了第一和第二名，其他各地选手都不及格。难道其他各地选手修剪技术水平差吗？绝对不是。之所以出现这个结果，是因为这些外地选手不了解北京地区的气候条件和果树管理方法，只是照搬照套各自当地的修剪方法而致。这个例子充分说明，果树的修剪方法只有和当地的环境条件及人为管理因素等联系起来，综合运用，才能达到理想的效果。所以说，修剪技术没有最高，必须充分考虑多方面因素对果树可能产生的影响，制定出更合理的修剪方法，以得到理想效果。不要总迷信他人修剪技术更高，我们常说的"谁的树谁会剪"就是这个道理。

3.修剪不是万能的

果树的科学修剪只是达到果树管理丰产、优质和高效益的一个方面，不要片面夸大修剪的作用，把修剪想得很神秘、搞得很复杂。有些人片面地认为，果树修剪搞好了，所有问题就都解决了，修剪不好，其他管理都没有用，这是完全错误的想法。只有把科学的土肥水管理、合理的花果管理、综合的病虫害防治等方面的工作和合理的修剪技术有机地结合起来，才能真正把果树管好。一好不算好，很多好加起来，才是最好。对于果树修剪来说，就是这个道理。

4.果树修剪一年四季都可以进行，不能只进行冬季修剪

果树修剪是对果树地上部一切技术措施的统称，既包括冬季修剪的短截、疏枝、回缩、长放，也包括春季的花前复剪，夏季的扭梢、摘心、环剥，秋季的拉枝、将枝等技术措施。有些地方的园区只搞冬季修剪，而生长季节让果树随便长，到了第二年冬季又把新长的枝条大部分剪下来。这种错误的做法一方面影响了产量和品质（把大量光合产物白白地浪费了，没有变成花芽和果实），另一方面浪费了大量的人力和财力（购肥、施肥）。当前最先进的果树修剪技术是加强生长季节的修剪工作，冬季修剪作为补充，谁的果树做到冬季不用修剪，谁的技术水平更高。笔者把果树不同时期的修剪要点总结成 4 句话告诉果农朋友：冬季调结构（去大枝），春季调花量（花前复剪），夏季调光照（去徒长枝、扭梢、摘心），秋季调角度（拉枝、拿枝）。

第二节　葡萄生长期的树体管理

一、抹芽与定梢

抹芽就是在芽已经萌动，但是还没有伸展开叶子的时候，对萌芽进行有选择的去留。在新梢长到 15~20 厘米已经可以分辨出有没有花序的时候进行的选择性的去留叫作定梢。

抹芽和定梢是决定果实品质和产量的一个重要作业，也是进一步调整冬季修剪量的一个要求。

葡萄冬季修剪量很大，能够刺激枝蔓上芽眼的萌发，产生较多的新梢，造成新梢树体通风透光不良、营养物质分散，使新梢的生长受到影响，从而造成坐果率低和果实质量不好。通过抹芽和定梢，可以调节树体内的营养情况和新梢生长方向，使营养物质流向新梢。一项巨峰葡萄抹芽的试验结果表明，4 月份抹芽程度为 50% 时，6 月份新梢的生长长度约为 80 厘米，没有处理抹芽的新梢生长长度仅为 50 厘米，由此可以看出抹芽能够促进新梢的生长。另外，通过抹芽和定梢还可以减少不必要的枝梢，改善架面上新梢的分布情况，使树体通风透光，从而提高坐果率和果实品质。

1.抹芽

抹芽一般分两次进行。第一次抹芽多在萌芽初期进行，主要把主干、主蔓基部的萌芽及三生芽、双生芽中的副芽和已经决定不留梢部位的芽去掉，遵循的原则是

"稀处多留,密处少留,弱芽不留"。第二次抹芽是在第一次抹芽之后的10天,主要抹去无生长空间的夹枝芽、靠近母树基部的瘦弱芽、部位不当的不定芽以及萌芽较晚的弱芽。抹芽后要保证树体的通风透光性。

2.定梢

定梢主要决定枝果比和产量、植株的枝梢布局,使架面达到合理的留枝密度。定梢一般于展叶后20天左右开始,此时,新梢已经长了10~20厘米,可选留带有花序的粗壮新梢,除去密枝和弱枝。

留枝的多少主要根据修剪因素和新梢在架面上的密度确定。一般定梢量是每蔓上每隔10~15厘米留一新梢,篱架每平方米面(V形、Y形)留10~12个新梢,棚架上每平方米留10~15个新梢。整体的结果枝和发育枝的比是1:2。坐果率高、果穗大的品种,一般每亩留4 000~5 000条新梢。

规定定梢量的前提是"五留"和"五不留",即留花不留空(指留下有花序的新梢),留顺不留夹(指留下有生长空间的新梢),留早不留迟(指留下早萌发的壮芽),留肥不留瘦(指留下胖芽和粗壮新梢),留下不留上(指留下靠近母枝基部的新梢)。

二、新 梢 摘 心

葡萄结果蔓在开花的前后生长迅速,需消耗大量的营养。此时,若营养没有及时跟上,则会影响花器的分化和花蕾的生长,引起落花落果。因此,此期要注意进行新梢摘心,促进花芽分化,抑制顶端生长,增加枝蔓粗度,使营养成分流进花序,促进花序的生育,提高坐果率,加速木质化。

1.结果蔓摘心

结果蔓摘心的最佳时间是开花前3~5天或初花期,可去掉小于正常叶片1/3大的幼叶嫩梢。第一次于花前10多天在花序前留2片叶摘心,主要是促进花序发育及花器官的完善。第二次摘心主要是去除前端副梢留1叶或抹除,把营养成分供给花序坐果。

巨峰葡萄结果新梢摘心时,强壮新梢在第一花序以上留5片叶摘心,中庸新梢留4片叶摘心,细弱新梢疏除花序以后暂时不摘心。坐果率很高的康太、黑汗等品种,一般不摘心。坐果率尚好、果穗紧凑的红地球、秋红、无核白鸡心、藤稔、金星无核等品种可摘可不摘。

2.营养蔓摘心

营养蔓是指没有花序的蔓。不同地区因为气候条件等因素的不同,摘心的标准也不同。此外,根据生长期时间的不同,摘心的数目也不一样:生长期少于150天的地区,8~10片叶时可摘去嫩尖和1~2片小叶。生长期150~180天的地区,15片叶左右时摘去嫩尖1~2片小叶。如果营养梢的生长太强,则可提前摘掉副梢母枝。生长期大于180天的地区,主要有以下几种摘心方法。

(1)生长期长的干旱少雨的葡萄产区,主梢架面有空间,营养蔓可留生长到约20片叶时摘心。相反,如果主梢的生长空间比较小,则营养蔓宜短留长到15~17片叶时摘心。如果营养蔓生长很强势,则可以提前摘掉副梢结果母枝。

(2)生长期长的多雨地区的葡萄,若主梢比较纤细,则可待生长到8~10片叶时摘心,这样可以促进主梢加粗。主蔓生长势中庸的于80~100厘米时摘心。主蔓生长势很强,应去掉培养副梢结果母蔓并分次摘心。第一次主梢上8~10片叶时留5~6片叶摘心,可以促进副梢萌发,副梢长出7~8片叶时摘心。第二次副梢只保留顶端的1个副梢于4~5片叶时留3~4片叶摘心,其余的副梢抹掉,方便第三次处理。

3.对主、侧蔓上的延长蔓摘心

(1)如果必须选择比较弱的延长蔓生长,则可留10~12片叶摘心,促进它发展。也可以选择下部较强壮的主梢换头。

(2)在生长期较短的北方地区,可以在8月上中旬以前摘心;在生长期较长的南方地区,则可以在9月上中旬摘心。延长蔓生长健壮的,则可根据冬季修剪的长度和生长期长短适当推迟摘心的时间。

(3)延长蔓生长强壮的,要提前摘心,避免浪费营养和徒长。摘心后长出副梢的,可将最顶端1个副梢作为延长蔓任其继续延伸生长,然后按照中庸枝处理,其余副梢作结果母枝培养。

4.副梢的利用与处理

1)副梢的利用

副梢是新梢叶腋里的夏芽由下而上陆续萌发形成的。副梢是葡萄的重要组成部分,处理适宜,可以加速树体的发展和整形,增补主梢叶片的不足,提高光合作用。如处理不当,则容易使架面杂乱,加大树体的营养成分流失,影响通风透光。所以,要合理利用副梢。

（1）利用副梢加速整形。定植苗只有1个新梢但需要2个以上主蔓时，可以在新梢长出4~6叶时及早摘心，促进副梢发展，挑选出适合副梢发展的主蔓。如果主蔓延长蔓受损，则可以利用顶端发出的副梢作延长蔓继续延伸生长。

（2）利用副梢培养结果母枝。冬芽旁边的夏芽，长势中庸健壮，冬芽分化良好、饱满，可以作为结果枝。一些生长旺盛的品种，可以采用上述特性采取提前摘心和分次摘心的方法，把副梢培养成结果母枝。

（3）利用副梢结二次果。一些早、中熟品种的副梢结实率很高，二次果品质也好，而且能够充分的成熟，可以用培养一次果的方法培养二次果，利用副梢结二次果，增加效益，充分发挥品种的潜在能力。例如京优品种的二次果，穗大粒大，坐果率好，品质优。

（4）利用副梢压条繁殖。一些如巨峰、京亚、京优等生长势较强、易发副梢的品种，如果生长期超过了180天、一般在6月中下旬、副梢超过15厘米以上时，把植株基部的新梢或连同母枝一起，挖浅沟压入地表，然后培土，以促进主梢和副梢基部生根，培养成副梢压条苗木。

2）副梢的处理

（1）结果枝上的副梢处理。结果枝上的副梢主要有两个作用，一是利用它补充叶片不足，二是利用它结二次果。除此之外的副梢全部处理，从而减少树体营养的消耗。处理副梢一般有以下两种方法。①习惯法。顶端1~2个副梢留3~4片叶反复摘心，果穗以下的副梢从基部去掉，其余的副梢"留1叶绝后摘心"。习惯法主要适于年幼果树，多留些叶子，既可以保证结果初期丰产，也可以为树冠补充养料。②省工法。顶端1~2个副梢留4~6叶摘心，其余的副梢从基部抹除。顶端产生的二次、三次等副梢，保证顶端1个副梢留2~3叶后反复摘心。省工法主要用于成龄的结果树。少留副梢叶片，可减少叶幕层厚度，增加通风透光，减少黄叶，增加葡萄着色。

（2）营养蔓上的副梢处理。营养蔓上的副梢可以结二次果或用来压条繁殖，其处理方式可以按照结果枝上副梢处理的省工法进行。

（3）主、侧蔓上延长蔓上的副梢处理。主、侧蔓延长蔓上的副梢，除了生长特别旺盛可以用作副梢结果母枝外，其他的尽量少留甚至不留。处理时延长蔓的副梢一般从基部抹去，及时萌发的副梢蔓顶端也只留1个副梢继续生长。

三、葡萄疏花序与花序整形

疏花序和花序整形既是促进葡萄品质实现标准化的一个重要步骤，又是调整葡萄产量、使达到植株负载量合理的重要手段。要想获得优质的浆果，必须控制产量。一般来说，鲜食葡萄每亩的标准产量是1 000~1 500千克。

1.疏花序时间

疏花序时间根据葡萄生长的程度决定。对于巨峰以及其他巨峰群品种、玫瑰香等生长比较旺盛、花序比较大、落花落果严重的品种，可适当晚几天，等到花序分离之后，再进行疏花序；对于那些长势虚弱、坐果良好的品种，则要尽早除去多余的花序，以节约营养。最后留多少花序，应根据产量的指标和花序坐果情况决定。

2.疏花序要求

疏花序时，应根据品种、树势、树龄等具体因素，把单位面积内产量的指标分配到单株葡萄上。一般果穗400克以上的大穗品种，个别空间较大、枝条稀疏、强壮的枝可留2个花序，中庸和强壮枝各留1个花序，短细枝不留花序。具体来说，是否保留花序应考虑以下几个方面。

（1）新梢强弱。强壮枝、中庸枝、细弱枝应分别对待。

（2）新梢位置。主侧蔓延长枝、结果枝组中距主蔓近的留作下一年的更新枝，主蔓下部离地面较近的低位枝等上的花序应疏除。

（3）花序着生位置。同一结果新梢的上位花序、与架面铁线或枝蔓交叉花序等宜疏去。

（4）花序大小与质量。畸形花序、小花序、伤病花序等尽量疏除。

3.花序整形技术

花序整形的主要出发点是为了加强果穗内部通透性、提高着色率、疏松果粒、增大果粒，使果穗利于包装，同时提高品种的质量。花序整形是鲜食葡萄生产不可缺少的一道工序。

一些如红地球、里查巴特、龙眼、秋红、无核白鸡心等大穗形且坐果率高的品种，花序整形可于在开花前去掉全穗长1/5~1/4的穗尖，花期剪去副穗和歧肩，或采用短、紧的"隔2去1"（即从花序基部向前端每间隔2个分枝剪去1个分枝）办法，疏散果粒，减少穗重。对于一些如巨峰等坐果率较低的葡萄品种，在花序整形时，可去掉全穗长 1/5~1/4 的穗尖，从上部剪掉花序大分枝 3~4 个，连同副穗和岐肩，剩下下部花序小分枝，以使果穗紧凑，且易长成短圆锥形或圆柱形。

四、除 卷 须

在栽植的条件下，葡萄卷须是没有用途的器官。卷须常缠绕到果穗和枝蔓上，影响果穗和枝蔓生长，修剪起来不方便。同时，卷须还会消耗养料和水分。因此，要及时摘除卷须。

五、提高葡萄坐果率的措施

1.葡萄落花落果的原因

葡萄落花落果是生物物种进化的一种表现，是自然疏花疏果的现象。落在地上的花和果大多是有缺陷的，留下来的才是最健康和最完善的花果。如果葡萄自然落花落果比较少，则需要人为落花落果，以免影响产品品质。如巨峰葡萄，比较大的花序有 1 000 个以上花蕾，如果全部花蕾都坐果，则穗重可达 10 千克以上，果粒纵横径可达 2 厘米，而果柄长度只有 1 厘米多，此时会引起浆果破裂，蜂、蝇等吸吮果汁，影响品质。巨峰葡萄的正常坐果率为 13.4%，具有 300 多个花蕾的花序，穗重达 400 克以上。在生产过程中，葡萄的落花落果严重、损失严重的现象主要有以下五个方面。

（1）先天遗传性。雌能花品种的花粉没有发芽孔，花粉粒内的生殖核和营养核退化，没有合适的授粉品种，很难坐果。有些品种的胚胎异常率较高，很容易造成大量落花落果。

（2）树体贮藏营养不足。葡萄开花期正处于树体营养成分的临界期，此时，上一年体内贮藏的营养成分已经用完，新梢新叶制造的营养只够自身的生长需要时间。缺乏营养物质，就会导致授粉、受精受阻。

（3）树体养分分配不当。葡萄新梢生长具有明显的极性，树体内的营养成分大部分流向梢尖和幼叶，植物的生长和开花坐果处于不平衡的状态，花序的养分不足加剧落花落果。

（4）气候异常。阴天、干旱、大风、低温等气候条件不仅对花器的分化和生长有严重影响,而且能破坏正常授粉和受精的进程,使胚囊中途败育,导致大量落花落果。

（5）不合理栽培技术。上一年早期落叶、超量结果,造成树体贮藏营养严重不足,或者是本年度的新梢徒长、树体极其衰弱,病虫害预防不到位,营养浪费,等等,这些都不利于开花结果。

2.提高坐果率的措施

提高葡萄坐果率的措施主要有以下几点。

（1）对园地进行土壤改良。增施有机肥料,提高土壤的有机质含量,使土壤的团粒结构好,保肥保水,为葡萄根系创造良好生长发育条件。在开花前喷施浓度为0.3%的硼砂溶液,促进花粉管生长,提高受精率。

（2）合理密植。合理密植利于架面通风透光,保证适宜的叶面积和营养积累,促进花芽分化和花器官的发育。

（3）控制留果量。葡萄植株枝叶制造的营养不仅可为当年提供生长、开花、结果需要,而且能补充新梢花芽分化和翌年春继续生长开花坐果所需营养,为连年稳产打下基础。一个良好的葡萄园,每亩产量应在1 250~1 500千克,不能超产。

（4）实行花前摘心,控制副梢生长。花前要摘心,以利坐果后利用副梢叶片补充营养。花前对结果母枝环状（环剥宽度3~5毫米）剥皮可以阻止营养向下输送转而流向花序。

（5）喷施激素。花前10天喷施50%矮壮素500~1 000毫克/升+0.3%硼砂,隔7天再喷施1次,可提高巨峰葡萄的坐果率,促进花粉管的伸长。

（6）加强病虫防治。主要措施包括保证营养平衡,增强光合效率,提高树体营养水平,保持青枝绿叶。

（7）其他措施。中耕除草,疏松土壤,加强土壤通透性,停止灌水,提高地温,加速根系吸收养分、水分。

六、疏　穗　疏　粒

通过疏除一部分花序改变果穗的数量,再利用花序来改善穗形和穗重,保证葡萄的产量、葡萄的重量并规范葡萄大小,保证果穗营养成分的吸收,促进果实的膨大和着色,提高果实的含糖量。此外,疏果还有利于积累树体的营养,充实枝条的发育,保证枝条安全越冬。

国外葡萄的优质产量,一般控制在 1.7~2 千克/平方米的范围内。换句话说就是,要保证每平方米架面产果量 2~2.5 千克,每亩产量 1 300~1 500 千克。为此,产区应适时疏粒疏穗,留目标产量 1.5~2 倍,最后达到 1.2 倍。

1.时期

疏穗一般在坐果前进行。盛花后 20 天坐稳果后,先估计出每平方米果穗的数量,然后等到果粒进入硬核期能分辨出大小粒的时候再进行疏粒。

2.疏穗

疏穗应根据树体的负载能力和目标产量决定,树体的负载能力和树龄、树势、地力、施肥量等有关。如果树体的负载能力较强,可以适当多留一些果穗,相反则应少留些果穗。如果品种的丰产性能好,当地的栽培技术水平也较高,则可以适当多留果穗;反之,则应少留果穗。

可根据 1 千克果实必需的叶面积推算架面留果穗的方法进行疏穗。通常叶面积大,则产量高、品质好。不过,因产量和质量之间又是负相关关系,所以必须先定出质量标准,在满足质量的前提下,按照叶面积留果。

以巨峰品种为例,要收获 300 克左右的果穗,需 15~20 片叶片,即 20 片叶可以留 1 穗,25 片叶以上的新梢如果生长健壮可以选留 2 穗果实,8~10 片叶的新梢原则上不留果穗。

疏穗的具体方法就是强枝留 2 穗、中庸枝留 1 穗、弱枝不留穗,每平方米架面选留 4~5 穗。

3.疏粒

标准穗重因为品种的不同而不同,果穗要求整形、果粒匀整、提高商品性能。具体来说,小粒果、着生紧密的果穗,以 200~250 克为标准穗;大粒果、着生稍松散的果穗,以 350~450 克为标准;中粒果、松紧适中的果穗,以 250~350 克为标准。

疏粒时,一般先把畸形果、小粒果、个别突出的大粒果疏去,然后再根据穗形要求,剪去穗轴基部 4~8 个分枝及中间过密的支轴和每支轴上过多的果粒,从而使果穗成熟时松紧适度、果粒大小整齐、着色均匀、外形美观。例如,红地球品种,一般小果穗保留 40~50 粒,中果穗保留 50~60 粒,大果穗保留 60~80 粒,平均粒重 12 克左右,保证小穗重 500 克左右,中穗重 750 克左右,大穗重 1 千克左右;巨峰品种一般每穗保留 40~50 粒,单粒重达 15 克以上,平均穗重 500 左右,果穗呈短圆锥形。

七、果穗套袋

1.套袋的作用

在果穗上套袋,实行空间隔离,这样能够很好地减轻甚至防止黑痘病、白腐病、炭疽病和日灼病的感染为害,特别是预防炭疽病尤为明显。另外,这种方法能很好地避免各种虫害,如蓟马、金龟子、吸果夜蛾、蝇、蚊、粉蚧等。果穗套袋能够减少机械的摩擦和灰尘的污染,保证果实的细嫩、果粉的浓厚,提高果实的外在形象,使果实更美观。果穗套袋可以防止裂果,提高浆果的等级,从而达到稳产的目的。果穗套袋能够减轻果实受到药物的污染和残毒的积累程度,很好地提高果实的安全性;可以减少暴雨、沙尘暴、冰雹、鸟兽的侵害。但是,果实在袋子里面,光照受到限制,着色比较慢,果实的成熟期会推迟5~7天,果实的含糖量和维生素 C 的量也会减少。另外一个缺点就是费工夫且增加了纸袋的成本。

2.葡萄果实袋的结构和规格

果实的袋子需要用专门的纸制成,这种纸多经过驱虫防菌处理,质量上乘,能够经得起风吹、雨淋、日晒,能保持在果实整个生长期间不破不裂。另外,要求果实袋的一端开口,同时下面有 2 个通气孔,上部有封闭袋上口的铁丝。纸袋应具有防雨性和透气性。

各个果袋厂家生产的果袋大小不同,常见的是 16.5 厘米×22.5 厘米、16.2 厘米×31 厘米、35 厘米×25 厘米、32 厘米×22 厘米、15 厘米×19.5 厘米等规格。

3.葡萄果实袋的选择

葡萄生产者要了解果实袋产品的性能、规格、结构、使用效果和配套技术,根据自身葡萄园的特点,选择高标准的果实袋。

(1)根据区域选择果袋。我国各葡萄园区气候类型差别比较大,应根据当地的降水量、光照和大风等因素因地制宜选择合适的果袋。南方高温、高湿及台风频发地区,葡萄病害严重,应选择强度好的果袋类型;西北干旱地区,海拔高,紫外线强度大,许多葡萄品种容易受到日灼的威胁,应选择防日灼的果袋类型等。

(2)根据品种选择果袋。应根据不同品种果实着色特点、果穗大小及对日灼的敏感程度选择果袋。对一些如克瑞森无核等直射着色品种,应选择透光性好又防日灼的果袋类型,巨峰、香悦等散射光着色品种,要用白色透明普通木浆果实袋,红地球则要用专用袋。

(3)根据栽植方式、架式与树形特点、果穗着生部位等选择果袋。棚架栽培等栽培架式的果穗见光差,要选用透光性好的果袋;保护地栽培及避雨栽培的光照强度减弱,要选用透光好果袋。

4.套袋时期

葡萄套袋的时间要尽早,一般应于果实坐果稳定、整穗及疏粒结束后立即开始。我国南方地区可在5月份进行,北方地区宜赶在雨季来临前结束,套袋宜早不宜迟,西北干旱地区、高海拔地区可适当推迟到着色前。棚架下遮阴果穗也宜早不晚,篱架和棚架的立面果穗因阳光直射,故要推迟套袋。另外,套袋要避开雨后的高温天气,如在阴雨连绵后突然晴天时立即套袋,则会使日灼加重。此时,一般要经2~3天,待果实稍微适应高温环境后再套袋。

套袋前要灌一次透水,这样可以降低葡萄架下的温度。套袋前,要尽量多留果穗周围的营养枝和副梢,这样既可以遮阴,又能使葡萄幼果很好适应袋子里高温多湿的气候。套袋半个月之后,可以根据果实生长实际情况,适当稀疏套袋周围的遮阴葡萄枝叶。

5.套袋方法

套袋前,在全园的范围内喷洒一次杀菌剂,药剂可选用代森锰锌、甲基托布津、多菌灵、苯醚甲环唑等。重点喷洒果穗,等到晾干之后再套袋。把袋口端6~7厘米浸入水中,使之柔软,便于收缩袋口,扎紧,防止害虫及雨水进入袋内。套袋时,先用手把纸袋撑开,使袋子鼓起来,然后从下往上把整个果穗全部套入袋内,再把袋口收缩到穗梗上,用一侧的封口丝牢挂于果梗或结果枝上。铁丝以上纸袋要留1~1.5厘米。注意不能用手搓揉果穗。

6.套袋后的管理

套袋之后可以不喷洒针对果实病害的药剂,但是要重点防治叶片病虫害,如黑痘病、褐斑病、霜霉病、叶蝉等。对于康氏粉蚧、茶黄蓟马、玉米象等容易入袋的害虫,则要重点注意。

7.摘袋时间及方法

葡萄套袋之后,可以不摘袋子。如果要摘袋,则摘袋的时间要根据品种、果穗着色情况以及纸袋种类而定。一些红色品种着色程度因会随着光照强度的减小而显著降低,故可以在采收前 10 天去袋,让果实受光。如果果实在袋里已经完全成熟,则不要摘袋,否则会引起颜色加重;巨峰等品种一般不需摘袋;如果纸袋透光度较高,能够满足着色的要求,也不必摘袋,以保证果品洁净无污染。

葡萄摘袋,一般先把袋子打开,再在果穗上戴上一个帽子,这样可以避免鸟害及日灼。摘袋时间一般为上午 10 时以前和下午 4 时以后,阴天可全天进行。

8.摘袋后的管理

葡萄在摘袋之后,一般不需要喷药,但是要注意防止金龟子等害虫。在果实着色之前,要做好管理工作,如剪除果穗附近部分已经老化的叶片和架面上过密枝蔓,这部分老化叶片,光合作用减低,光合产物入不敷出,剪掉它们之后,能够增加有效叶面积比例,减少营养消耗,同时还能改善架面的通风透光条件,减少病虫为害。摘叶不能过早,也不能过多,防止影响树体贮备营养,影响结果。注意,摘叶和摘袋不能同时进行,否则会引起日灼。

第三节　葡萄的休眠与越冬防寒

一、打破休眠技术

1.低温方法

葡萄一般在 7.2 ℃以下低温才能达到自然休眠,因此可以低温完成它的休眠。葡萄的休眠期为 50~110 天。当然,不同的葡萄种类,它们的休眠期也不一样。

2.高温方法

高温可以结束葡萄自然休眠状态。在葡萄生长期的时候,取玫瑰露品种的成熟硬枝进行扦插试验,观察发现,随着温度提高,经过 40 天,温度在 30 ℃时萌发率为 6%,温度达 36 ℃时萌发率在 90% 左右。由此表明,高温可以使成熟的枝条生根、发芽、打破自然休眠。

3.化学方法

用化学药品处理葡萄休眠,常用的是石灰氮,学名氰氨化钙。具体方法是:取适量石灰氮加 4 份水,混合搅拌 2 小时后,取上部澄清液,涂抹枝芽。用化学方法处理葡萄休眠最佳时间是温室升温前 10 天,一般每 10 米长篱架的葡萄枝芽,需要

0.5 千克石灰氮。如果温度、湿度、光照正常,15 天左右就能发芽。注意,石灰氮有毒,使用的时候要注意安全。

二、越 冬 防 寒

不同葡萄品种抗寒性差异有别。大部分欧亚种和欧美杂交种葡萄品种抗寒性较差,其地上部休眠枝蔓在 −15 ℃左右就会发生冻害。山葡萄、贝达、北醇等品种抗寒性很强,在华北地区不埋土也可以露地越冬;我国埋土防寒线自西北、东北以北地区开始,处于此地的葡萄产区都要埋土防寒,并且越往北,埋土时间越早、埋土越厚,这样才能保证植株的安全越冬。在埋土防寒线附近的地区,葡萄的植株要进行简单的覆土防寒,突然降温会使植株受到伤害。埋土防寒线以北地区在栽培抗寒性较弱的红地球、葡萄园皇后、瓶儿、里扎马特、奥山红宝石、乍娜等品种时,更要重视防寒工作。

埋土防寒的时间和方法主要是根据当地的气候条件、土壤条件以及葡萄的种类和砧木的抗寒性决定的。

1.埋土防寒时间

一般于当地土壤封冻前的 15 天开始。时间过早会因为土温高、湿度大致芽眼发霉;埋土时间晚,土壤结冻,取土不容易,并且土块大,封土不严,起不到防寒的作用。在华北地区 11 月初左右开始埋土。

2.埋土防寒方法

(1)地上全埋法。首先把枝蔓修剪后顺着行向朝一方下架,一株主蔓压着加一株主蔓,分段用草绳等把枝蔓绑好,在主蔓部垫上土或者草,防止主蔓受压断掉,然后把秸秆、草等防寒物放在枝蔓两侧,将枝蔓系紧,在枝蔓上一捆挨一捆盖平,最后用细土覆盖严实。土层的厚度根据当地的最低温度和品种的抗寒性决定。一般品种在低温 −15 ℃时覆土 20 厘米左右,−17 ℃时覆土 25 厘米,温度越低、覆土越厚。宽度应是当地冻土厚度的 1.8 倍,厚度为地表到 −5 ℃的土层深度。我国辽宁西部地区葡萄防寒土堆一般以宽度 1.8 米、厚度 0.2 米较为安全。

(2)地下全埋法。在葡萄的行间挖深、宽各 50 厘米左右的沟,先把主蔓压入沟内再覆土。在特别寒冷的地方,还要先覆盖一层塑料薄膜、干草或树叶,然后再覆土。地下全埋法一般应用于棚架和枝蔓多的成龄园。

（3）局部埋土法（根茎部覆土）。冬季绝对气温低于 -15 ℃的地区，植株如不下架，那么在封冻前植株基部要堆 30~50 厘米高的土保护茎部。使用了抗寒砧木（如贝达、北醇等）嫁接的葡萄，覆土深度一般壤土和平坦葡萄园宜薄些，使用沙土和山地葡萄园则宜厚些。对于植株生长较旺、落叶较迟、挂果较多的，即使温度达不到，也要埋土防寒。

3.防寒埋土操作要点

首先在每株葡萄茎干下架的弯曲处用土或草秸做好垫枕，防止在埋土的时候压断主蔓。然后在主蔓的下方挖一条深 35 厘米的浅沟，把枝蔓捆束放入沟内，两侧用土挤紧，最后在枝蔓上覆土，土要拍实，防止土堆内透风。

4.葡萄防寒栽培技术措施

我国东北、西北地区冬季寒冷的时间比较长，有时仅依靠埋土防寒仍不能起到良好的效果。只有综合利用防寒技术，才能达到降低成本、提高防寒效果的目的。

（1）选用抗寒品种。选择品种很重要。多年的试验表明，酿造品种雷司令、霞多丽、龙眼、牛奶、无核白、巨峰等都是抗寒性能比较好的品种，早熟的莎巴珍珠及郑州早红也比较抗寒。这些品种可以在埋土条件下安全越冬。

（2）采用抗寒砧木。采用抗寒的山葡萄和贝达作为砧木，可以减少埋土的厚度。

（3）深沟栽植。栽植的时候要挖 60~80 厘米的深沟，然后浅埋，以后每年加厚土层，这样可以使根系深扎，从而提高植株本向的抗寒能力。

（4）尽量采用棚架。整形棚架之间的行距大，取土比较容易，并且不容易伤到根部。所以，北方比较寒冷的地区宜采用小棚架。

（5）短梢修剪。北方地区葡萄的生长期比较短，在降温较早的年份品种枝条不易成熟。北方葡萄园区在夏季要提前摘心，增加施磷、钾肥，促进枝条的成熟，充实基部芽眼；冬季宜短梢修剪，保证最好的芽眼和最好的枝条。

（6）加强肥水管理。栽植前，要增加肥水、进行摘心，后期要注意增施磷、钾肥，秋季雨天要注意排水防涝，促进枝条成熟，提高植株抗冻能力。

三、出　土　上　架

1.出土时间

埋土防寒的葡萄，在树液开始流动至芽眼膨大期间必须把防寒土去掉。修理好葡萄栽植畦面,将葡萄枝蔓引缚上架。如果出土过早,根系还没有活动,枝芽容易被抽干;出土过晚,芽已在土中萌发,出土的时候容易被碰掉,或者芽已经发黄了。出土的时间如果把握不好则葡萄上架之后容易受到风吹日灼,人为造成"瞎眼"及树体损伤,影响产量。所以,适时出土很重要。

各地每年的天气变化不一样,要准确把握葡萄出土的时间不容易。此时,可以把一些果树的物候期作为"指示植物",如在当地山桃初花期或杏等栽培品种的花蕾显著膨大期开始撤去防寒物较为适宜。一般来说,美洲种葡萄及欧美杂交种葡萄的芽眼动较欧洲种葡萄要早,出土期要提前 4~6 天。

2.出土方法

在撤去防寒土的时候,一般要先去掉两侧的防寒土,然后再去掉枝蔓上面的覆盖物,直到露出葡萄枝蔓为止。防寒土去除完之后,要整畦面。

为了防止芽眼抽干,使芽眼在萌发整齐,可以在出土之后把枝蔓放在地上几天,等到芽眼开始萌动的时候,先将枝蔓均匀地绑在架面上,然后再进行正常的生长期的管理工作。

3.整理支架

葡萄在出土上架前,首先要整理铁丝,扶正扎紧已经松动的架面。

4.清根

使用嫁接苗定植的葡萄植株常会在接口处以上的接穗部位生长出新梢。这些新梢会使砧木的根系自然死亡,植株变成自根苗,削弱了抗性。因此,在出土上架之前,要逐蔓检查,主蔓基部的新梢要全部清理干净。在生长季节,也应经常检查,及时清根。

5.防止葡萄伤流

伤流轻可使植株的营养流失,造成树势虚弱、芽体枯死,影响生长、开花和结果;重则会令全株死亡。

为了防止发生葡萄伤流,应注意在发芽的时候不要修剪,在农事的操作上要特别小心,避免枝蔓受伤。一旦出现伤流现象,要立刻补救。葡萄伤流具体补救措施有以下几种。

(1)把熟石灰水调制成糊状,涂在枝蔓受伤处,有一定效果。

(2)先将枝蔓上伤流处的伤口用 10 厘米见方的塑料薄膜包扎好,然后用绳子捆结实,使它不透气。

（3）把蜡烛熔化涂在葡萄枝蔓的伤口上，或者把蜡放在铁盒里加热熔化后涂于植株的伤口处，等到蜡油冷却后，伤流即可止住。

（4）将松香放在容器中熔化，取其汁涂抹在葡萄枝蔓伤口处；或者用烧热的烙铁对着松香，使松香一边熔化一边滴在葡萄枝蔓伤口上，接着在伤口处烙几下，使松香充分熔化以增加渗透力。等到松香冷却后，伤流就会止住。

第七章　葡萄病虫害防治

葡萄属于浆果类果树,病虫为害给葡萄造成的损失十分严重。病虫害防治中的用药种类、用药量和葡萄的质量安全有着十分密切的联系。一般来说,葡萄病虫害防治一定要遵循预防为主、综合防治、防重于治,抓早、抓好、抓彻底的原则。

第一节　葡萄农业综合防治

农业综合防治是指采用综合的农业技术措施,改善果园小气候,科学管理增强树势,积极推广应用生物、物理防治,最大限度地减少使用化学药剂,有效控制病虫害的发生,降低生产成本,生产优质安全的高质量葡萄产品。葡萄农业综合防治主要包括以下几个方面。

(1)因地制宜,选用抗病品种。合理选用品种是病虫害综合防治的重要基础。发展葡萄生产时,必须结合本地实际情况(气候、土壤条件),选用适合本地发展的抗病品种并采用适宜的砧木。一般来说,欧亚种品种比欧美杂交种品种抗病性要差,因此在降水量多,气候、土壤潮湿的地区就不宜大量种植欧亚种品种。品种本身抗逆性的高低是决定一个品种在某个地区能否发展的内因和决定性因素,生产中必须因地制宜、科学合理地选用适宜当地发展的品种。

(2)加强管理,培养健壮的树势。葡萄树势强弱和果园小气候状况直接影响植株的抗病害能力。合适的栽植地点、良好的农业管理技术、适当的栽植密度和整形修剪方式都能使葡萄园内架面通风透光状况良好,植株生长健壮,从而减轻病虫为害程度。合理的水肥管理、土壤管理,增施磷肥、钾肥、钙肥和微量元素均能促进植株枝、叶、果生长健壮,增强抗病虫能力。

在葡萄的生产实际中,负载量的高低和葡萄抗逆能力有很大关系。产量过高、叶果比降低,不仅严重降低了果实品质、延迟了果实成熟期,而且容易导致葡萄抗病、抗逆性降低,造成病虫害发生。因此,合理负载、加强管理是促进植株形成健壮树势的重要保证。

在当前管理水平下，葡萄鲜食品种合适的产量指标是成龄树每亩产量 1 500 千克左右,叶果比达到 25∶1 以上;酿造品种随品种不同有所不同,但一般每亩合理的产量为 1 000~1 250 千克,叶果比不能低于 30∶1。

（3）重视并应用生物、物理防治。生物防治、物理防治对保护环境和控制葡萄虫害的发生有着良好的作用。各地可根据当地的病虫种类选用适当的生物天敌进行科学放养。在物理防治上,要因地制宜推广应用黏虫板、防虫网、防雹网、防鸟网,推广果穗套袋、杀虫灯等新技术。频振式杀虫灯能诱杀葡萄园多种害虫,十分经济实用。葡萄套袋技术对预防病虫对果穗的为害、提高果实商品品质有良好的效果,生产上应大力推广。

（4）预防为主,防重于治。葡萄是浆果,果实一旦受病虫为害,损失就无法弥补。各葡萄园区必须坚持预防为主的防治方针。尤其要高度重视检疫,严防危险性病虫传入。生产中应认真抓好清园工作,加强病虫预报,及时喷布农药,积极主动做好预防病虫害工作。

如图 7-1、表 7-1 所示是在实际生产中总结的以预防为主的"葡萄病虫害关键防治点"防治法。在防病虫的关键时刻进行防治,不仅可有效控制病虫害的发生,还可将一年中喷药次数降低到 7~8 次。

（5）合理使用农药,将农药使用量降到最低。当前,化学防治仍是葡萄病虫害防治的主要方式。在实际生产中,一定要注意合理选用、科学使用农药,严禁使用无公害及绿色食品生产中已明文规定不能使用的剧毒农药和残效期较长的农药种类。在病虫防治上要根据防治对象及其发生规律,合理选用适当的农药种类,掌握正确的喷药时间与使用方法;要重视保护害虫天敌资源,降低用药成本,防止盲目打药造成的不应有的损失。

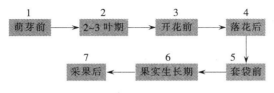

图 7-1　葡萄病虫害关键防治点

表7-1　葡萄病虫害关键防治点

关键防治点	时期	主要防治对象	常用药剂及措施
1	萌芽前	各种越冬病虫	3～5波美度石硫合剂或sk矿物油(绿颖)＋毒死蜱
2	2～3叶期	各种病害,绿盲蝽	世高、波尔多液、代森锰锌、多菌灵、阿米西达、吡虫啉
3	开花前	穗轴褐枯病、灰霉病、黑痘病、黄化病,落果	阿米妙收、卉友、多菌灵、百菌清、咪鲜胺、阿维菌素、翠康保力、翠康金朋液
4	落花后	穗轴褐枯病、灰霉病、白腐病、大小粒	阿米妙收、甲基硫菌灵、硫酸锌、翠康钙宝
5	套袋前	灰霉病、白腐病、炭疽病	阿米妙收、氟硅唑、吡虫啉、嘧霉胺
6	果实生长期	白腐病、霜霉病、灰霉病、酸腐病、掉粒、金龟子	阿米妙收、福奇、阿维菌素、翠康钙宝、敌百虫糖醋诱杀液
7	采收后	霜霉病	烯酰吗啉、霜霉威、彻底清园

注:各地可根据当地实际情况调整用药,果实采收前20天停用一切农药。

第二节　葡萄主要病害及其防治

一、葡萄黑痘病

1.症状

葡萄黑痘病主要侵染葡萄幼嫩的叶片、叶柄、果实、果梗、穗轴、卷须和新梢等部位。叶片和嫩梢发病初期现针尖大小的红褐色斑点,周围有黄色晕圈,后病斑扩大呈圆形或不规则形,中央变成灰白色、稍凹陷,边缘暗褐色,并沿叶脉连串发生,出现长椭圆形或条形的暗褐色凹陷病斑,以后中央部分变为灰褐色,严重感病部位以上枝梢枯死。果实发病初现圆形深褐色小点,以后扩大,直径2~5毫米,中部凹陷,灰白色,周缘有紫褐色晕,现典型的鸟眼状病斑。染病的幼果停止生长,味酸质硬、畸形,病斑处有时开裂。葡萄黑痘病如图7-2所示。

图 7-2　葡萄黑痘病

2.发生规律

黑痘病病菌主要寄生于病蔓、病叶、病果中越冬,翌年 4—5 月借雨水传播,病菌的远距离传播主要借助带菌的枝条和苗木。在高温多雨季节,葡萄生长迅速、组织幼嫩时发病最重,天气干旱时发病较轻,欧亚种品种最易发病。

3.防治方法

(1)苗木消毒。对从外地引进的苗木、插条在栽植或扦插前用 3 波美度石硫合剂浸泡,进行消毒预防。

(2)冬季清园。结合修剪彻底剪除病枝、病果,剥去老蔓上的枯皮,集中烧毁。

(3)使用铲除剂。在葡萄发芽前认真喷洒 1 次铲除剂,消灭越冬潜伏病菌。常用的铲除剂有 3~5 波美度石硫合剂、世高 1 000 倍液或 80%代森锰锌(山德生)800 倍液。

(4)药剂防治。生长前期每 10 天左右喷布 1 次 200~240 倍半量式波尔多液或 1 次世高 1 000 倍液、山德生 80%(络合代森锰锌)800~1 000 倍液、45%咪鲜胺水乳剂 2 000 倍液、50%的多菌灵 600~800 倍液、阿米妙收 3 000 倍液等,均可有效防止黑痘病的发生。最为重要的是,在 2~3 叶期及开花前、落花后,必须认真抓好药剂防治工作。为了增加药液黏着力,可加入 0.1%的皮胶。

一旦发生病害,应立即用 5%霉能灵 800~1 000 倍液,或 32.5%阿米妙收悬浮剂 1 500 倍液,或 20%苯醚·咪鲜胺微乳剂 1 500 倍液,或 30%戊唑醇悬浮剂 5 000~6 000 倍液进行防治。

二、葡萄炭疽病

1.症状

葡萄炭疽病也称晚腐病,主要为害接近成熟的果实,近地面的果穗尖端果粒首先发病。果实受害后,先在果面产生针尖大的褐色圆形小斑点,以后病斑逐渐扩大并凹陷,表面产生许多轮纹状排列的小黑点,即病菌的分生孢子盘。天气潮湿时涌出锈红色胶质的分生孢子团是葡萄炭疽病最明显的特征。果梗及穗轴发病,产生暗褐色长圆形的凹陷病斑,严重时全穗果粒干枯或脱落。葡萄炭疽病如图 7-3 所示。

图 7-3　葡萄炭疽病

2.发生规律

病菌主要在患病的结果母枝表层组织及病果上越冬。一般年份病害从 7 月上旬开始发生,8 月进入发病高峰期。病害的发生与降水关系密切,降水早,发病也早,多雨的年份发病重。果皮薄、含糖量高的品种发病较重。早熟品种由于成熟期早,在一定程度上有避病的作用;晚熟品种往往发病较严重,土壤黏重、地势低、排水不良、坐果部位过低、管理粗放、通风透光不良均可致病害严重发生。

3.防治方法

(1)秋季彻底清除架面上的病残枝、病穗和病果,并及时集中烧毁,消灭越冬菌源。

(2)加强栽培管理,及时摘心、绑蔓、中耕除草,为植株创造良好的通风透光条件,同时要注意合理排灌,降低果园湿度,减轻发病程度。

（3）春天葡萄萌动前，在结果母枝上喷洒溴菌清（炭特灵）或 3~5 波美度石硫合剂，铲除越冬病源。6 月下旬至 7 月上旬开始，每隔 15 天喷 1 次药，共喷 3~4 次。常用药剂有 20%世高 2 000 倍液、20%咪鲜胺锰盐水乳剂 1 500~2 000 倍液、20%苯醚·咪鲜胺微乳剂 1 500~2 000 倍液、50%多菌灵 600~800 倍液。对结果母枝要仔细喷布，若发现有炭疽病发生应及时喷布 32.5%阿米妙收悬浮剂 1 500~2 000 倍液治疗。

（4）果穗套袋可明显减少炭疽病的发生，有条件园区提倡广泛采用。

三、葡萄白腐病

1.症状

葡萄白腐病主要为害果实和穗轴，也为害枝蔓和叶片。发病先从距地面较近的穗轴和小果梗开始，起初出现淡褐色不规则的水渍状病斑，逐渐蔓延到果粒，果粒发病后 1 周，病果由褐色变为灰褐色，果肉软腐，果皮下密生白色略突起的小点，以后病果逐渐干缩成有棱角的僵果，感病果粒很易脱落，并有明显的土腥味。叶片发病时先从叶缘开始产生黄褐色呈水渍状的 V 形病斑，以后逐渐向叶片中部扩展，形成近圆形的淡褐色大病斑，病斑上有不明显的同心轮纹，后期病斑部分产生灰白色小点，最后叶片干枯，极易破裂。葡萄白腐病病果如图 7-4 所示。

图 7-4　葡萄白腐病病果

2.发生规律

病菌主要寄生于病果、病叶和树盘土壤中越冬，第二年借风雨传播，经伤口入侵。

葡萄从幼果期至成熟期，感染白腐病病斑上可以不断散发分生孢子引起重复侵染。该病的发生与雨水和植株上的新伤口有密切关系，雨季来得早，发病也早，高温多雨有利于病害的流行。各种伤口均易导致病菌侵入，尤其是冰雹、暴风雨后更易发病。病害的发生与葡萄的生育期关系密切，果实进入着色期，感病程度明显增加。

3.防治方法

（1）秋末认真清园。冬季结合修剪，彻底清除落于地面的病穗、病果，剪除病蔓和病叶并集中烧毁。

（2）加强栽培管理。合理修剪，创造良好的通风透光条件，降低田间湿度，尽量减少果穗和枝蔓上的伤口。栽培上可适当改良架形，提高坐果部位，减少发病。

（3）坐果后经常检查下部果穗，发现零星病穗时应及时摘除，并立即喷药。以后每隔 15 天复喷 1 次，至果实采收前 1 个月为止。常用药剂有山德生（80％络合代森锰锌）800 倍液、80％喷克可湿性粉剂 800 倍液、50％多菌灵 600~800 倍液、50％甲基硫菌灵 600~800 倍液和 20％苯咪甲环唑 2 000 倍液，一旦发现有白腐病发生应及时喷 20％苯醚·咪鲜胺微乳剂 1 500~2 000 倍液、25％戊唑醇悬浮剂 4 000~5 000 倍液、70％甲基硫菌灵粉 600~800 倍液等药物喷雾治疗。

（4）在发生冰雹或暴风雨后 12 小时内，必须抓紧时间喷施一次预防药剂，如 6 000~8 000 倍液 40％福星乳油或 50％甲基硫菌灵 1 000 倍液等药剂。

（5）推广果穗套袋技术。套袋技术既能提高果品质量，又能防止多种病菌侵染。

四、葡萄霜霉病

1.症状

葡萄霜霉病主要为害葡萄的叶片、花序和幼穗。叶片发病时，最初为细小的不定型淡黄色水渍状斑点，以后逐渐扩大，在叶片正面出现黄色和褐色的不规则病斑，经常数个病斑合并成多角形大斑，病叶背面产生白色的霜状霉层，发病严重时，叶片焦枯卷缩而且易早期脱落。嫩梢、叶柄、果梗、幼果等发病，最初产生水渍状黄色病斑,后变为黄褐至褐色,形状不规则。霜霉病为害葡萄叶片和花序症状如图7-5、图7-6所示。

图 7-5　霜霉病为害叶片症状

图 7-6　霜霉病为害花序症状

2.发生规律

病菌寄生于植株病残体上越冬,借风雨传播,从其叶片背面气孔侵入。气候潮湿即可发病,立秋前后和8—9月为发病高峰期,雨后闷热天气更容易引起霜霉病突发。葡萄霜霉病的发生与降水有关,低温高湿、通风不良有利于病害的流行。地势低洼、栽植过密、架面过低、管理粗放、果园内通风透光不良、小气候湿度增加,可加重病情。施肥不当、偏施或迟施氮肥,造成秋后枝叶繁茂、表皮组织成熟不良,也会使病情加重。品种间抗病性有一定差异,美洲种葡萄较抗病,而欧亚种葡萄则较易感病。

3.防治方法

(1)冬季清园。认真收集病叶、病果、病梢等病组织残体,集中彻底烧毁,减少果园中越冬菌源。

(2)实行避雨栽培。这是预防霜霉病的重要措施,避雨栽培能有效预防霜霉病的发生。同时,栽培管理上要注意保持良好的通风透光条件,降低果园内小气候湿度。此外,适当增施磷钾肥,可以提高葡萄的抗病能力。

(3)药物防治。防治葡萄霜霉病的药物很多,预防上一般用 200~240 倍半量式波尔多液或 25%阿米妙收 1 500 倍液、山德生(80%络合代森锰锌)600~800 倍液、65%代森锰锌可湿性粉剂 400~500 倍液、50%多菌灵粉 600~800 倍液、70%甲基硫菌灵粉 800~1 000 倍液等,每隔 10~15 天喷 1 次,重点喷布叶片背面,并交叉用药,连续 2~3 次,可以获得较好的防治效果。初发病时可用 50% 烯酰吗啉(科克、安克)可湿性粉剂 800~1 000 倍液或 32.5% 阿米妙收悬浮剂 1 500 倍液进行防治。以 35% 甲霜灵锰锌可湿性粉剂 2 000 倍液与代森锌混用,比单用效果更好,同时还可兼治其他葡萄病害。利用甲霜灵灌根也有较好的预防效果,方法是:发病前用稀释 750 倍的甲霜灵药液在距植株主干 50 厘米处挖深约 20 厘米的浅穴进行灌施,然后覆土,在霜霉病发生严重的地区每年灌根 2 次即可。用灌根法防治霜霉病药效时间长,不污染环境,更适合在观光葡萄园和庭院葡萄上采用。

五、葡萄白粉病

1.症状

葡萄白粉病主要为害葡萄的果粒、叶片、新梢及卷须等绿色幼嫩组织。叶片受害时,最初在叶面上出现细小、淡白色的霉斑,以后逐渐扩大,成灰白色粉末状,严重时蔓延到整个叶片。果实受害时常在果面出现白色粉状霉层。幼果期受害,果实萎缩脱落;果实稍大时受害,表皮细胞死亡,果实变褐,停止生长,硬化、畸形,常常造成裂果,味极酸;后期病果干枯腐烂。葡萄白粉病为害症状如图 7-7 所示。

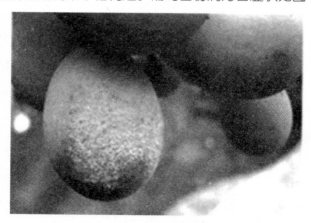

图 7-7　葡萄白粉病为害症状

2.发生规律

病菌常寄生于被害组织或芽鳞中越冬,第二年 7 月上旬开始发病,7 月下旬进入盛发期。高温干旱的闷热天气有利于病害的发生和流行。设施栽培中温度较高时,白粉病较易发生。幼叶及幼果易感病,老龄叶片和果实着色后很少发病。栽植过密、管理粗放、通风透光不良等有利于发病。

3.防治方法

（1）加强栽培管理，增施有机肥，提高植株抗病力。

（2）注意果园卫生，冬季结合修剪剪除病枝，清除落叶落果，及时烧毁，减少越冬菌源。

（3）药物防治，硫制剂对白粉病防治有较好的效果，如石硫合剂、硫黄胶悬剂、粉锈宁等。葡萄发芽前喷洒 1 次 3~5 波美度石硫合剂，可有效铲除越冬病源。葡萄发芽后初发病时，喷洒 0.2~0.5 波美度石硫合剂，或 50%硫黄悬浮液 300~400 倍液，或 10%氟硅唑（福星）2 000~2 500 倍液，或 40%粉锈宁 3 000 倍液，每隔 7~10 天喷 1 次，共喷 2~3 次。此外，无上述农药时，喷洒 0.5%的食用碱面水溶液也有一定的控制白粉病病害发生的作用。

六、葡萄根癌病

1.症状

葡萄根癌病是一种细菌性病害，主要发生在葡萄的根、根茎和老蔓上。发病部位常形成不规则的瘤状物，初发时稍带绿色和乳白色，质地较软，以后随着瘤体的长大，逐渐变为深褐色，质地变硬，表面粗糙，瘤的大小不一，有的数十个瘤簇生成一个大瘤。老熟病瘤表面龟裂，在阴雨潮湿天气易腐烂脱落，并有腥臭味。受害植株树势衰弱，严重时植株干枯死亡。葡萄根癌病症状如图 7-8 所示。

图 7-8　葡萄根癌病症状

2.发生规律

根癌病为细菌性病害,病菌常寄生于植株病残体在土壤中越冬,条件适宜时,通过各种伤口侵入植株。雨水和灌溉水是根癌病的主要传播媒介,苗木带菌是根癌病远距离传播的主要方式。细菌侵入后,刺激植物组织周围细胞加速分裂,形成瘤状体。一般 5 月下旬开始发病,6 月下旬至 8 月为发病的高峰期,9 月以后很少形成新瘤。温度适宜,降水多、湿度大,癌瘤的发生量也大;田间管理不良、土壤黏重、地下水位高、排水不良、树势衰弱及冻害等都可致病菌侵入;埋土防寒时造成根茎部伤害和冬春季的冻害往往是葡萄感染根癌病的重要诱因。

品种间抗病性有所差异,红地球、玫瑰香、巨峰等品种高度感病,龙眼、康太等品种抗病性较强。

3.防治方法

(1)繁育无病苗木是预防根癌病发生的主要途径。一定要选择没有发生过根癌病的地块做苗圃,杜绝在患病园中插条或接穗。在苗圃或初定植园中,发现病苗应立即拔除并挖净残根集中烧毁,同时用 20%噻菌铜 500 倍液或 1%硫酸铜溶液消毒土壤。

(2)苗木消毒处理。在苗木或砧木起苗后或定植前将嫁接口以下部分用 1%硫酸铜溶液浸泡 5 分钟,再放于 2%石灰水中浸 1 分钟,或用 3%次氯酸钠溶液浸泡 3 分钟,以杀死附着在根部的病菌。

(3)在田间发现病株时,可先将癌瘤切除,然后涂抹石硫合剂、福美双等药液,也可先用菌毒清 50 倍液或硫酸铜 100 倍液消毒后再涂波尔多液,药剂处理对此病有较好的防治效果。

(4)田间灌溉时应注意合理安排病区和无病区排灌水的流向,以防病菌传播。

(5)生物防治。用 MI15 或 E26 农杆菌素,能有效地保护葡萄伤口不受致病菌的侵染。其使用方法是将葡萄插条或幼苗浸入农杆菌素稀释液中 30 分钟或喷雾即可。

七、葡萄穗轴褐枯病

葡萄穗轴褐枯病是巨峰及红地球等葡萄品种主要病害,其中以巨峰系品种尤为严重。

1.症状

葡萄穗轴褐枯病主要发生在葡萄幼穗的穗轴上,果粒发病较少,穗轴老化后一般不易发病。发病初期,幼果穗的分枝穗轴上产生褐色的水渍状小斑点,并迅速向四周扩展,使整个分枝穗轴变褐枯死,不久失水干枯,变为黑褐色,果穗随之萎缩脱落;发病后期,干枯的分枝穗轴分枝处常被风吹断、脱落。幼果粒发病,可形成圆形的深褐色至黑色小斑点,以后随果粒长大,病斑逐渐变成疮痂状;当果粒长到中等大小时,病痂脱落,对果实发育无明显影响。葡萄穗轴褐枯病症状如图7-9所示。

图7-9 葡萄穗轴褐枯病症状

2.发生规律

葡萄穗轴褐枯病主要发生在开花期前后,当果粒长到黄豆粒大小时,病害停止发展蔓延。开花期低温多雨、穗轴幼嫩时,病菌容易侵染。葡萄品种间发病程度差异明显,其中以巨峰系品种发病最重,其次为红地球、白香蕉、新玫瑰等,而玫瑰香几乎不发病。地势低洼、管理不善的果园以及老弱树发病重,管理精细、地势较高的果园及幼树发病较轻。

3.防治方法

除加强葡萄园常规病虫防治技术外,还应重点在花序分离期和花后1周各喷1次50%多菌灵可湿性粉剂800倍液,或50%甲基硫菌灵800倍液,或阿米西达1 500倍液+翠康钙宝1 000倍液,可起到良好的防治效果。花前、花后一定要注意交叉用药,不能用同一种农药。

八、葡萄灰霉病

葡萄灰霉病是设施栽培中和气候潮湿时以及葡萄采后贮藏中常发的主要病害。

1.症状

葡萄灰霉病有潜伏侵染的特性。葡萄花序、幼果、成熟的果实最易感染发病。花序、幼果感病,初期可形成淡褐色水渍状斑点,后逐渐扩展,造成花序萎缩、干枯和脱落。果实感病后,首先产生褐色凹陷病斑,后随病菌扩展而在病斑上形成绒毛状鼠灰色霉层。在葡萄采后贮藏期,灰霉病也常严重发生,应注意预防。葡萄灰霉病症状如图 7-10 所示。

图 7-10　葡萄灰霉病症状

2.发病规律

灰霉病可侵染多种植物,葡萄品种间抗病性差异较大。红地球、雷司令等品种极易感病,无核白、赤霞珠等品种较抗灰霉病。设施栽培或湿度大易发病。病菌以分生孢子寄生于残存组织上越冬,第二年春借风雨传播,病菌侵入初期常为潜伏状态,在开花前后、果实成熟前及贮藏中易突然发病,潮湿的环境中病菌扩展很快。

3.防治方法

(1)彻底清园。萌芽前喷布铲除剂灭除各种植物残体上的越冬菌源。

(2)加强管理。增强葡萄园通风透光,发病初期及时剪除烧毁病穗病果,避免再次侵染。

（3）药剂防治。开花前后及果穗套袋前用阿米西达 1 500 倍液＋卉友 3 000~4 000 倍液、50％多菌灵可湿性粉剂 600~800 倍液、山德生（80％络合代森锰锌）800~1 000 倍液、70％甲基硫菌灵 800 倍液、50％多菌灵可湿性粉剂 400~500 倍液、50％扑海因 1 600 倍液浸蘸花序、果穗，初发病时及时去除病粒并立即喷布40％施佳乐（嘧霉胺）1 000~1 500 倍液、50％嘧菌环胺 800~1 000 倍液、50％速克灵 1 000 倍液，有良好的防治效果。注意交叉用药，防止病菌产生抗药性。设施栽培中应尽量采用粉尘剂和烟雾剂。

（4）贮藏管理。果实贮藏入库前用 45％特克多（噻菌灵）500 倍液喷淋或浸蘸果穗，待晾干后再入库贮藏，可起到一定的预防作用。

九、葡萄溃疡病

葡萄溃疡病是近年在我国新鉴定出的一个对葡萄生产影响较大的病害。

1.症状

葡萄溃疡病在国外主要侵染葡萄枝蔓。但在我国葡萄产区，葡萄溃疡病除侵染枝蔓外，还严重为害葡萄果穗，果穗出现病状多在果实上色期，发病初期首先在穗轴上呈现黑褐色病斑，随后穗轴干枯，果粒干缩，但不脱落。发病枝条分枝处也常形成白褐色病斑。葡萄溃疡病症状如图 7-11 所示。

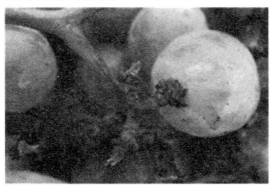

图 7-11　葡萄溃疡病症状

2.发病规律

葡萄溃疡病病菌常寄生于发病的果穗、枝叶上越冬，第二年春夏随风雨传播。果实产量过高、树势衰弱、植物生长调节剂应用不当时发病严重。

3.防治方法

目前,对葡萄溃疡病防治研究正在深入进行,其防治方法主要有以下几种。

(1)认真清园。彻底剪除烧毁病穗、病枝,消灭越冬菌源。

(2)加强管理。增强树势,严格控制产量,合理使用植物生长调节剂。

(3)药剂预防。套袋前用50%多菌灵600倍液或70%甲基硫菌灵800倍液浸穗,尤其是穗轴部分;对剪除病穗、病枝后的剪口,立即用70%甲基硫菌灵800倍液消毒。

第三节 葡萄主要虫害及其防治

一、绿 盲 蝽

1.为害症状

绿盲蝽是春季较早发生的葡萄害虫之一。为害时,以若虫和成虫刺吸幼叶、花序,受害处形成针头大小的红褐色坏死点,以后随着叶片生长而成为大小不规则的孔洞,造成叶片皱缩枯萎;花蕾、花梗受害后常常脱落。绿盲蝽为害症状如图7-12所示。

图7-12 绿盲蝽为害症状

2.生活习性

华北地区一年发生3~4代,以卵寄生于葡萄残枝及周围其他果树上越冬,第二年4月中旬越冬卵孵化,开始为害葡萄幼芽、幼叶,成虫个体较小,较难发现,5月中下旬后绿盲蝽即转到其他果树上进行为害,10月上中旬成虫产卵越冬。

3.防治方法

（1）认真清园,消灭越冬虫源。

（2）葡萄芽鳞绽开后立即喷布阿里卡 1 000~1 500 倍液,或 70％吸刀吡虫啉水分散粒剂 8 000~10 000 倍液、48％毒死蜱乳油 1 000~1 500 倍液、5％氟虫腈悬浮剂 2 000~3 000 倍液。

（3）注意保护天敌,如草蛉、黑卵蜂、姬猎蝽等。

二、葡萄斑叶蝉

又名葡萄二星叶蝉、二星浮尘子。

1.为害症状

寄主植物主要有葡萄、苹果、梨、桃、樱桃、山楂、桑等。以成虫和若虫刺吸叶片汁液,被害叶呈现失绿小点,严重时叶色苍白,提早脱落。夏季高温干旱时发生尤为严重。葡萄斑叶蝉如图 7-13 所示。

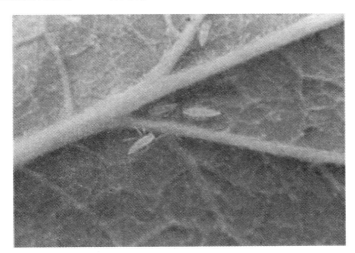

图 7-13　葡萄斑叶蝉

2.生活习性

以成虫在枯叶、灌木丛等隐蔽处越冬。成虫最早于 4 月上旬开始活动,先为害发芽早的果树,待葡萄展叶后即开始为害葡萄叶片。第二、三代成虫分别发生于 6 月下旬至 7 月和 8 月下旬,10 月下旬以后成虫开始陆续产卵越冬。

3.防治方法

（1）加强管理。合理修剪,注意通风透光,清除杂草和杂生灌木,消灭成虫越冬场所。

（2）药剂防治。在春季成虫出蛰尚未产卵时和5月中下旬第一代若虫发生期进行喷药防治。常用的药剂品种有50%敌敌畏乳剂2 000倍液、25%辛硫磷乳剂3 000倍液、25%阿克泰6 000倍液,这些药剂可有效杀灭成虫、若虫和卵,且对人畜较为安全。

（3）利用天敌。为保护斑叶蝉的天敌寄生蜂,葡萄园药剂防治应集中在前期进行,生长后期尽量少用广谱性农药,以有效利用天敌。

三、葡 萄 瘿 螨

又名葡萄锈壁虱、葡萄毛毡病。

1.为害症状

葡萄瘿螨各地葡萄产区发生普遍,主要为害葡萄幼叶。以成、若螨在叶背刺吸汁液,初期为害处呈现不规则失绿斑块,叶表面形成斑块状隆起,叶背面产生灰白色绒毛,后期斑块逐渐变成锈褐色,受害叶皱缩变硬、枯焦。在高温干旱的气候条件下发生更为严重。葡萄瘿螨为害症状如图7-14所示。

图7-14 葡萄瘿螨为害症状

2.生活习性

以成螨潜藏在枝条芽鳞内越冬,春季随芽的开放,成螨爬出,侵入新芽、幼叶为害,并不断繁殖扩散。近距离传播主要以爬行的方式或借助风雨、昆虫携带,远距离传播主要随着苗木和接穗的调运而进行。

3.防治方法

(1)早春葡萄发芽前、芽膨大时,喷 3~5 波美度石硫合剂,杀灭潜伏在芽鳞内的越冬成螨,可基本控制为害;严重发生时,还可于发芽后再喷 1 次 SK 矿物油 200 倍液。

(2)葡萄生长初期,发现被害叶片立即摘除烧毁,以免继续蔓延。

(3)对螨害发生区内可能带螨的苗木、插条等在向外地调运前,可先用温汤消毒,即把插条或苗木的地上部分先用 30~40 ℃热水浸泡 3~5 分钟,再移入 50 ℃热水中浸泡 5~7 分钟,即可杀死潜伏的成螨。

四、葡萄透翅蛾

1.为害症状

各地均有发生,庭院植栽时更为严重。以幼虫蛀食葡萄枝蔓髓部,被害部明显肿大,并可致上部叶片发黄、果实脱落,被蛀食的茎蔓容易折断枯死。

2.生活习性

每年发生 1 代,以老熟幼虫寄生于葡萄蔓内越冬。翌年 4—5 月化蛹,蛹期约 1 个月,6—7 月羽化为成虫。产卵于当年生枝条的叶腋、嫩茎、叶柄及叶脉等处,卵期约 10 天。初孵化的幼虫自新梢叶柄基部的茎节处蛀入嫩茎内,幼虫在髓部向下蛀食,将虫粪排出堆于蛀孔附近。嫩枝被害处显著膨大,上部叶片枯黄,食空嫩茎后,幼虫又转至较粗的枝蔓中为害,一年内可转移 1~2 次。幼虫为害至 9—10 月,然后老熟,并用木屑将蛀道上部堵塞,在其中越冬。越冬后幼虫在距蛀道底部约 2.5 厘米处蛀一羽化孔,并吐丝封闭孔口,在其中筑蛹室化蛹,成虫羽化时常将蛹壳带出一半露在孔外。葡萄透翅蛾幼虫及为害症状如图 7-15 所示。

成虫夜间活动,白天潜伏在叶背面和草丛中,飞翔力强,有趋光性。

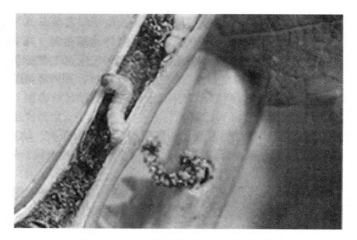

图 7-15 葡萄透翅蛾幼虫及为害症状

3.防治方法

（1）结合冬季修剪剪除被害枝蔓，及时集中烧毁。

（2）发生严重地区，可进行药剂防治。于成虫期和幼虫孵化期喷布 10％高效氟氯氰菊酯水乳剂 4 000 倍液或 5％甲维盐水分散粒剂 10 000~15 000 倍液，或用黑光灯诱杀成虫。

（3）于 6—8 月幼虫为害期，经常检查枝蔓，发现有肿胀或有虫粪的被害枝条，及时剪除烧毁。对主蔓和大枝上幼虫可用细铁丝穿入刺杀，也可用 50％敌敌畏乳剂 500 倍液或 50％杀螟松乳剂 1 000 倍液用针管由蛀孔注入，并用黄泥将蛀孔封闭，熏杀幼虫。

五、斑 衣 蜡 蝉

1.为害症状

各地普遍发生，喜食葡萄、臭椿和苦楝。以成、若虫刺吸植株嫩叶和枝干汁液，排泄液黏附于枝叶和果实上，引起煤污病而使果实表面变黑，影响光合作用，降低果品质量。

2.生活习性

每年发生 1 代，以卵块在葡萄枝蔓及柱架上越冬。越冬卵一般于 4 月中旬开始孵化，若虫期约 60 天，6 月中下旬出现成虫，8 月中下旬交尾产卵，成虫寿命长达 4 个月,10 月下旬逐渐死亡。成、若虫都有群集性,常在嫩叶背面为害,弹跳力强,受惊即跃飞逃避。卵多产于枝蔓和架桩的阴面。斑衣蜡蝉成虫如图 7-16 所示。

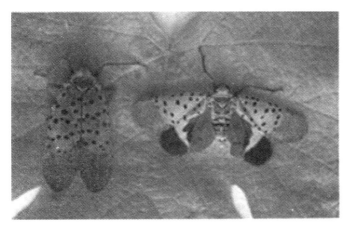

图 7-16　斑衣蜡蝉成虫

3.防治方法

(1)结合冬季修剪,在枝蔓及架桩上搜寻卵块并压碎杀灭。

(2)若虫和成虫期可喷布 10% 吡虫啉 2 000 倍液或 20% 氰戊菊酯 1500~2 000 倍液。

(3)选择园地时,应注意远离臭椿和苦楝等杂木林。

第四节　葡萄生理病害

葡萄生理病害是指葡萄生产中因栽培和生理性原因形成的一些生长结果异常的症状。近年来,随着新品种的不断增加和栽培技术的参差不齐,葡萄各种不同的生理病害有逐年加重的趋势。防治葡萄生理病害已成为当前葡萄生产上一项重要的任务。

一、葡萄水罐子病

葡萄水罐子病也称转色病,东北地区称"水红粒"。水罐子病是葡萄常见的生理病害,在玫瑰香、红地球等品种上发生尤为严重。

1.症状

水罐子病主要发生在果粒上，一般在果粒着色以后才表现出症状。发病后，有色品种果粒明显表现出着色不正常，色泽淡；而白色品种表现为果粒呈水泡状，病果糖度降低，味酸，果肉变软，果肉与果皮极易分离，果实成为一包酸水，用手轻捏，水滴成串溢出，故有"水罐子"之称。果柄与果粒处易产生离层，极易脱落。病因主要是营养不足和生理失调。葡萄水罐子病症状如图 7-17 所示。

图 7-17　葡萄水罐子病症状

2.发病规律

一般在树势弱、负载量过多、肥料不足和有效叶面积小时，病害容易发生；地下水位高或成熟期遇雨，尤其是高温后遇雨、田间湿度大时，发生尤为严重。

3.防治措施

（1）加强土肥水的管理，增施有机肥料，根外喷施磷、钾肥，适时适量施用氮肥，保持土壤疏松。

（2）控制负载量，合理确定单株结果实量，增加叶果比。

（3）保护主梢叶片，主梢叶片是果实所需养分的主要来源，尤其是在留二次果的情况下，因为二次果常与一次果争夺养分，养分不足常常导致水罐子病发生。因此，在发病植株上，要控制二次果，主梢多留叶片。另外，当一个果枝上留两个果穗时，其下部果穗转色病发生比例常较高，在这种情况下，可采用适当疏穗、一枝留一穗等办法减少病害的发生。

二、葡萄日灼病

葡萄日灼病又称缩果病、气灼病、日烧病，是因高温、缺钙、水分失调等因素引起的生理病害。

1.症状

日灼病和缩果病发生的部位不同，日灼病主要发生在果穗的肩部和果穗向阳面上,而缩果病则多发生在非向阳部位。但两者为害症状有相似之处,果实受害后,果面先形成水渍状或烫伤状淡褐色斑,后逐渐变成褐色干疤,微凹陷。受害处易遭受其他病菌(如炭疽病菌等)的侵染。

2.发生规律

葡萄果实日灼病的发生多因高温水分失调、缺乏钙素营养,加之果穗缺少荫蔽,在烈日暴晒和高温(＞33 ℃)影响下,果粒表面局部受高温失水产生生理伤害所致。品种间发病的轻重程度有所不同,一般来说,巨峰、藤稔、红地球等粒大、皮薄的品种发生较重,篱架栽培时病情明显重于棚架。葡萄日灼病症状如图 7–18 所示。

图 7–18　葡萄日灼病症状

3.防治措施

对易发生日灼病的葡萄品种, 可于幼果期喷施翠康钙宝（EDTACa 160 克／升）2 000 倍液 2~3 次。夏季修剪时,在果穗附近多留叶片以遮盖果穗,同时要注意调节土壤水分,适时进行果穗修整。在给葡萄套袋时应避开高温时节,以防加重日灼,同时要注意果袋的透气性。生产上要注意尽量保留遮蔽果穗的叶片。

另外,在气候干旱、日照强烈或通风不良的地区栽培葡萄时,应改篱架栽培为棚架栽培,预防日灼的发生。

三、葡萄黄化病

引起葡萄叶片黄化的原因很多, 其中最主要的是因土壤偏碱性而引起的缺铁性黄化。

1.症状

葡萄黄化病主要表现在幼叶、幼枝、花序和幼果上,初发生时叶肉变黄,叶脉仍为绿色,严重时整个叶片、新梢和花序呈黄白色,叶片坏死,花序脱落,对植株生长结果影响很大。葡萄缺铁性黄化病症状如图 7-19 所示。

图 7-19 葡萄缺铁性黄化病症状

2.发生规律

葡萄缺铁性黄化病主要发生在土壤呈碱性的地区。欧美杂交种品种、采用贝达砧木时,对土壤缺铁更为敏感,更易发生黄化症状。葡萄缺铁性黄化病一般从枝条上部新生长的幼嫩部分开始发生,往往发病后枝条下部老叶仍保持绿色,这是缺铁性黄化与其他黄化病的主要区别。

3.防治措施

(1)改良土壤,增施有机肥和硫酸亚铁,矫正土壤偏碱、缺铁的状况。用沃益多生物菌种激活后冲施土壤(进行灌根)。

(2)萌芽前在易发生黄化的地区葡萄植株两边开沟,成龄树每株以 0.2 千克硫酸亚铁加适量有机肥混合施入。

(3)发现植株叶片出现黄化症状时,应及时于叶片喷施 2~3 次顶绿,0.4%~0.5%硫酸亚铁或柠檬酸铁药液。若能同时加入 0.3%磷酸二氢钾和 0.1%食醋,则防治效果更好。

四、葡萄大小粒

1.症状

葡萄大小粒的形成，除授粉受精不良等原因外，植株缺锌是造成葡萄果粒大小不一、果实不发育、形成豆粒的主要原因。缺锌时，植株叶片生长不良，叶片小而薄，节间短。葡萄大小粒症状如图7-20所示。

2.防治措施

（1）不同葡萄品种对锌的敏感程度不同，无核白、乍娜、玫瑰香、佳利酿、红地球等品种对锌的需求量较大。

（2）碱性土、沙壤土容易形成锌的流失，这类土质葡萄园区要注意增施有机肥。

图7-20 葡萄大小粒症状

（3）根外追施锌肥，开花前至幼果生长期喷施0.1%～0.3%的硫酸锌。

（4）树干喷锌能提高植株锌的吸收量，方法是用10%的硫酸锌溶液进行枝干喷涂。

五、葡萄落花落果

图7-21 葡萄落花落果症状

1.症状

落花落果是巨峰系葡萄品种生产中一个突出的问题。落花落果可致葡萄坐果率小于11%，果穗上果粒稀稀拉拉，严重影响果品质量。葡萄落花落果症状如图7-21所示。

造成葡萄落花落果的原因很复杂。具体来说，内因是遗传因素，外因是管理不善或开花时气候条件不良。

2.防治措施

（1）选用不易落花落果的品种，注意授粉组合。

(2)综合采用各项农业生产技术措施,如合理负载、花前摘心、花期喷硼、环剥、控制水肥等,促进树势正常健壮生长。

(3)合理使用植物生长调节剂,如赤霉素、乙烯利、矮壮素、调节膦等。

(4)注意气候变化,采取对应的措施,保证植株授粉受精正常进行。

六、葡萄酸腐病

1.症状

酸腐病是一种二次侵染造成的病害,即先因各种原因造成果实伤口,然后果蝇滋生带入醋酸菌和其他细菌造成果粒腐烂,并溢流酸败的果汁。葡萄酸腐病症状如图 7-22 所示。

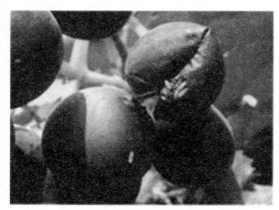

图 7-22　葡萄酸腐病症状

2.防治措施

(1)加强综合防治,均衡土壤水分供应,防止裂果和伤口发生。

(2)适时进行套袋,保护果面免受损伤。

(3)果穗封穗始期,每隔 10 天左右喷 1 次喹啉铜 1 500 倍液,或必备 2 000 倍加歼灭 3 000 倍混合药液。

(4)加强检查,发现染病果粒,及时清除并喷药保护或另行套袋。

第八章　葡萄的储运、加工与营销

第一节　葡萄的包装与运输

一、葡萄的分级

1.分级的意义

葡萄采收后需要经过一系列的商品化处理才能进入流通、消费领域,最终用于消费。其中,分级是葡萄采收后商品化处理的第一步。通过分级,可以降低产后果品损耗,便于包装、运输、储藏,提高葡萄的商品性,实现优质优价,提高市场竞争力。

2.分级前的果穗修整

为便于葡萄分级,提升葡萄档次,在采收葡萄时应先对果穗进行清理,通过目测检查,将果穗中病、虫、青、小、残、畸形的果粒选出并剪除。采收后对穗形进行一次修整,将其中超长、超宽和过分稀疏果穗进行适当分解修饰,使穗形整洁美观。葡萄果穗修整应与分级结合进行,即由分级操作人员边整修边分级,一次到位。

3.分级标准

葡萄分级的主要项目有果穗形状、大小、整齐度,果粒大小、形状、色泽,有无机械伤、药害、病虫害、裂果,可溶性固形物和总酸含量等。目前,鲜食葡萄分级标准有国外标准、国家标准、行业标准、地区标准及品种标准等。

1)CAC 标准

CAC 标准是国际食品法典委员会制定的被世界各国普遍认可的食品安全标准。根据国际食品法典委员会制定的鲜食葡萄法典标准,鲜食葡萄可分为以下三个等级。

(1)特级。本等级鲜食葡萄必须具有特优品质。葡萄串形状、生长状况和色泽必须具有该品种特征,允许带有产区特点。果粒必须紧实,牢固附着在枝茎且沿枝茎均匀分布,粉霜基本完好。除不影响产品整体外观、质量、储藏品质和包装外观的极轻微表皮缺陷外,不应有其他缺陷。容许葡萄串在重量上与本等级要求存在±5%的偏差,但应符合一级要求或在极个别情况下,适用一级的容许范围。

(2)一级。本等级鲜食葡萄必须具有良好品质。葡萄串形状、生长状况和色泽必须具有该品种特征,允许带有产区特点。果粒必须紧实,牢固附着在枝茎并尽量保持粉霜完好。但与特级相比,果实沿枝茎均匀分布方面可稍逊。允许带有以下轻微缺陷,但不得影响产品整体外观、质量、储藏质量和包装外观:形状轻微缺陷,色泽轻微缺陷,果皮极轻微晒斑。容许葡萄串在重量上与本等级要求存在±10%的偏差,但应符合二级要求或在极个别情况下,适用二级的容许范围。

(3)二级。本等级鲜食葡萄品质虽达不到高等级要求,但应符合鲜食葡萄质量的基本要求。葡萄串形状、生长状况和色泽可带有轻微缺陷,但不得损害该品种基本特征,同时允许带有产区特点。果粒必须足够紧实并充分附着在枝茎上。与一级相比,果实沿枝茎均匀分布方面可稍逊。允许带有以下缺陷,但不得影响鲜食葡萄的质量、储藏品质和包装外观等基本特征:形状缺陷,色泽缺陷,果皮轻微晒斑,轻微擦伤,轻微果皮缺陷。容许葡萄串在重量上与本等级要求或基本要求存在±10%的偏差,但不包括已出现腐败或其他变质现象而不能食用的果实。

2)我国鲜食葡萄国内贸易行业标准

根据(SB/T 10890—2012)《预包装鲜食葡萄流通规范》,我国对鲜食葡萄的商品质量基本要求是:具有本品种固有的果型、大小、色泽(含果肉、种子的颜色)、质地和风味。具有适于市场销售的生理成熟度。果穗、果形完整完好,无异嗅或异味、无不正常的外来水分。主梗呈木质化或半木质化,褐色或鲜绿色,不干枯、萎蔫。污染物限量应符合(GB 2762—2017)《食品安全国家标准　食品中污染物限量》的有关规定,农药最大残留限量应符合(GB 2763—2016)《食品安全国家标准　食品中农药最大残留限量》的有关规定。我国法律、法规和规章另有规定的,应符合其规定。各品种鲜食葡萄果粒重应符合如表8-1所示要求。

表 8-1　各品种鲜食葡萄的平均果粒重

品种	平均果粒重(克)	品种	平均果粒重(克)	品种	平均果粒重(克)
巨峰	10.0	牛奶	7.0	玫瑰香	4.5
京亚	5.5	绯红	9.0	瑞必尔	7.0
藤稔	15.0	龙眼	5.0	红地球	12.0
秋黑	7.0	京秀	6.0	无核白	5.5
里扎马特	8.0				

商品质量在符合上述规定的前提下,同一品种的鲜食葡萄根据其新鲜度、完整度、果穗重量、果粒重和均匀度又分为一级、二级和三级。如表 8-2 所示为预包装鲜食葡萄等级指标。

表 8-2　预包装鲜食葡萄等级

指标	等级		
	一级	二级	三级
新鲜度	色泽鲜亮,果霜均匀,表皮无皱缩,果梗、果肉新鲜	色泽鲜亮,表皮皱缩,果梗、果肉新鲜	色泽较好,表皮可有轻微皱缩,果梗、果肉较新鲜
完整度	穗形统一完整,无损伤;果霜完整、果面缺陷	穗形完整,无损伤;同一包装件内,果粒着色度良好、果霜完整、缺陷果粒≤8％	穗形基本完整,果粒着色色度较好、果霜基本完整、缺陷果粒≤8％
果穗重量	0.5～1.0 千克	0.3～0.5 千克	＜0.3 千克或＞1.0 千克
果粒重	同一包装中果粒重应≥平均值的 15％	同一包装果粒重应≥平均值	同一包装中果粒重应＜平均值
均匀度	颜色、果形、果粒、大小均匀	颜色、果形、果粒大小较均匀	颜色、果形、果粒大小尚均匀

二、葡萄的包装

　　葡萄果实皮薄、肉软、易落粒、易失水,易受到微生物侵染。商业化生产时,需要对葡萄进行科学的包装,以减少采收后果实果品的损耗,保证果品的卫生和安全。此外,科学的包装还利于机械化操作,利于运输、储藏保鲜和延长商品的货架期,实现储藏、运输和管理的标准化操作。从而提高葡萄的商品性和附加值,提高市场竞争力。

1.包装材料与包装方式

　　葡萄生产上的包装材料应清洁干燥,美观牢固,无毒、无害、无异味,符合相关规定。目前,我国葡萄生产上普遍使用的包装材料主要有木箱、塑料箱、泡沫箱、纸箱、PVC 板箱、独立托盘等,其中以纸箱为多。如图 8-1 所示为葡萄包装箱。不同包装形式各其优点和不足之处。

图 8-1　葡萄包装箱

1）木箱

成本低，透气好，耐压；缓冲性能差，运输中易产生机械伤。木箱机械性能好，码垛可以增高，适于冷藏库房中的堆码，或制作葡萄干等工艺时的自然风干和低档次果品的包装。用木箱储运葡萄时一般单层摆放，箱内四周、上下均应衬垫瓦楞纸板，纸板上留有通气孔，每穗葡萄先用蜡纸包好，逐穗放入箱内排好，加盖钉牢。木箱容量大致有 10 千克、15 千克、20 千克三种，15 千克的尺寸为 50 厘米×36 厘米×28 厘米。外销采用 4.5 千克的小型木箱，内径为 41.2 厘米×29.7 厘米×13 厘米。

2）塑料箱

目前市场上广泛应用塑料箱内衬塑料袋的形式运输葡萄。使用塑料箱包装葡萄时，葡萄在采摘前喷洒保鲜剂，并且在塑料箱内的塑料袋中放置保鲜纸或保鲜缓释剂。这种包装形式相对成本较低，保鲜剂及塑料薄膜的应用延长了葡萄的保存时间。但塑料袋中葡萄串简单地堆叠在一起，运输过程中的冲击、振动及温度对葡萄品质的影响较为严重，葡萄易掉粒、破粒，箱内葡萄的呼吸作用也不利于其长时间的储存。

3）泡沫箱

对于价格相对高一些的葡萄品种，常采用泡沫箱内衬塑料薄膜的形式进行运输。泡沫箱的成本虽比塑料箱高，但缓冲性能和隔热性能优良，而且洁净、美观、大方，目前普及较快。使用泡沫箱仍需使用保鲜剂来延长葡萄的储运时间。由于泡沫箱本身厚度较大，所以占用空间较大，增加了物流成本。葡萄在箱内预冷不彻底时，储藏中箱内易出现果温偏高现象，需将箱壁打孔加强通透性。泡沫箱虽不宜用于储藏，但非常利于运输中保持低温和抵抗冲击力，为此，许多地区在储藏葡萄时仍用木条箱和硬塑箱，待运输与销售时再换成泡沫箱。

4）纸箱

一般多为瓦楞纸箱，由箱板纸和瓦楞纸组成，中间有许多空气层，具有良好的隔热和缓冲性能,是现代运输包装广泛采用的一种形式。使用前可折叠,易搬运,尺寸规则,适于机械化装卸,易于堆码、存放,可提高运载量和仓库利用率。同时,纸箱包装还便于进行精美的装潢设计,起到广告、宣传作用。

根据葡萄品种及价格的要求,常采用瓦楞纸箱内衬塑料薄膜或每串葡萄单独应用塑料薄膜进行包装再放置于箱内等方法。纸箱包装形式与塑料周转箱的包装形式类似,葡萄必须喷洒保鲜剂及塑料膜内置保鲜剂确保其储存效果。纸箱包装的主要缺点在于瓦楞纸箱在受潮后力学性能大幅下降,葡萄为多汁类浆果,如塑料薄膜阻隔性能不好,渗出的汁液将直接影响包装箱在储运过程中的堆码强度。

5)独立小包装

一些高档葡萄常采用独立包装,即将葡萄直接做成小包装商品放于冷气货柜内销售。独立小包装不仅提高了果品的档次,而且大大延长了果品货架寿命。小包装材料有透明带孔的薄膜塑料袋、塑料盒、塑料托盘、纸托盘等,盒与托盘盛装葡萄后再用保鲜膜封装。小包装上印制商标、品名、产地和公司名称等。采用独立小包装的葡萄可放置于瓦楞纸箱中进行运输。独立包装的优点在于缓冲效果较好,能有效减少运输过程中的损耗,缺点是包装成本较高,以人工操作为主,包装效率较低。独立小包装适于高端果品的推广应用。常见的几个小包装规格与使用特点如下。

(1)薄膜塑料袋。国际通用的有两种,一种双面都是塑料,另一种一面是塑料另一面是纸;形状为梯形,上底12厘米、下底27厘米、高30厘米,无论哪种塑料袋,为了提高透气性,其中一侧下半部会均匀地分布圆孔或长条开口。葡萄装进袋后,上端封闭,果穗被固定在袋内,不会脱粒,能延缓果梗失水、延长货架寿命、增加美观度。目前,国内外这种小包装应用比较普遍。

(2)托盘。托盘多为塑料、泡沫或纸质材料。规格为:长20厘米、宽12厘米、高2厘米,盘下有通气孔。包装时,先将葡萄放到盘上后,再覆一层保鲜膜。

(3)小塑料盒。规格为:长12厘米、宽6厘米、高9厘米,盒上或盒下有小孔。

2.包装方法

葡萄采收后应立即装箱,避免风吹日晒,否则易失水、损伤、污染。最好从田间采收到储运销售过程中只经历一次装箱包装,切忌多次翻倒、多次装箱、多次包装,否则每一次翻倒都会引起严重的碰、拉、压等机械损伤,造成病菌侵入而霉烂。分级、装箱工作可于采收时在葡萄架下进行,有条件的可在采收后进入车间选果、分级、包装。

（1）田间装箱方法。首先在树上进行选果，剪除果穗上的病虫果、青粒、小粒、破粒、畸形果等，并对穗形进行修剪，剪去歧肩等。然后按分级标准进行分级采收、分级装箱，箱内应衬有保鲜袋。葡萄单层摆放的，装箱时可将穗轴朝上，葡萄果穗从箱的一侧开始向另一侧按顺序穗穗靠紧轻轻摆放，果穗间用软纸隔开，不留空隙，按装箱量的要求装满，并敞开保鲜膜袋口。装箱完成后应及时送到冷库预冷。

（2）车间装箱方法。先将田间采收预装的葡萄送到选果包装车间进行人工选果整穗，再按分级标准分别装箱。葡萄双层装箱时，果穗应平放箱内，先摆放底层，每穗按穗形大小颠倒放置，挨紧，不留空隙；然后摆放上层，要挑选合适穗形填补空间，以摆满为止，不能高出箱沿，一般以箱盖盖严时葡萄果穗松紧适中、箱盖保持平齐而不凸凹为准。装满葡萄，应敞开袋口，并及时送冷库预冷。

3.包装要求

我国葡萄产业包装较简单。目前，虽有少数包装逐步趋向精美，但在包装材料、装潢设计、标志印制、容量规格等方面仍有较大差异。目前，我国市场上的葡萄包装箱规格不一，企业和个人在包装箱制作上没有统一的标准。根据（SB/T 10894—2012）《预包装鲜食葡萄流通规范》的要求，宜按照 5 千克、10 千克、20 千克规格包装进行。我国常见葡萄包装箱种类与规格如表 8-3 所示。

表 8-3 我国常见葡萄包装箱种类与规格

种类	规格（长×宽×高）（厘米）	净果重（千克）	备注
瓦楞纸箱	32×20×12	4	哈尔滨东金集团
瓦楞纸箱	30×30×10	2	辽宁选有机葡萄
瓦楞纸箱	32×16×14	2	河北涿鹿
塑料箱	36×26×15	5	市场
泡沫箱	40×27×16	8	市场
木条箱	36×25×14	5	市场
木条箱	43×35×11	10	市场
中纤板	46×36×12	8	广东鲜诺
中纤板	40×30×12.5	6	广东鲜诺
PP塑料	40×30×12.5	6	广东鲜诺
PP塑料	50×40×12	10	广东鲜诺
环保中纤板	50×40×14.5	10	广东鲜诺

三、葡萄的预冷

1.预冷的意义

葡萄采收后大多带有田间热,同时,果实在进行呼吸代谢活动中,会释放大量热量,在运输、冷藏或者加工前如果不及时预冷,温度会不断升高,使产品腐烂、失水、储藏性能下降、病害加重等,影响商品销售。葡萄采摘后及时预冷既可以使果实逐步适应储藏的低温条件、降低呼吸速率、延长储藏期,又可防止果穗梗变干变褐、防止果粒脱落等。葡萄预冷一般在产品分级、包装后进行,且需要预冷设备以及一定的空间进行操作。

2.预冷前的准备

葡萄的包装物(筐、箱)及采摘用具等均用 0.7% 的甲醛溶液喷施消毒。预冷设施选用无二次污染的杀菌剂进行封闭熏蒸 24 小时。入储前 2~3 天按 20 克／立方米进行熏硫,熏蒸后密闭一昼夜,然后打开门和排气孔,驱除二氧化硫气体。不熏硫也可喷洒甲醛等库房消毒液。预冷前 1~2 天,启动预冷冷库制冷机降温,使库温下降至 −1~0 ℃。

3.预冷方式

葡萄采收后的预冷方式大致分为 3 种,即冷风预冷、差压通风预冷和隧道式差压梯度预冷。

(1)冷风预冷。是指将葡萄在分级、包装后直接放在预冷库或者冷藏库内,利用冷风机强制冷空气循环流动,使葡萄箱垛之间冷空气与箱内产品外层、内层产生温差,通过对流和传导使箱内的产品温度逐渐降低。冷风预冷时,空气的对流风速设计一般也在 3 米／秒以下,有的甚至在 1.5 米／秒以下。冷风预冷是一种没有特别组织气流的预冷方式,也是目前最广泛应用的冷却方式。

(2)差压通风预冷。差压通风预冷比冷风预冷多一个静压箱和一台差压风机。风机负压侧与静压箱连通。风机运行时,静压箱内产生负压,抽吸冷库中的冷空气,使冷库中的冷空气快速地通过有孔的葡萄包装箱,使包装箱内外两侧产生压力差。差压通风预冷强化了传热,通风均匀,使冷却速度加快、预冷时间缩短,投资不大,对鲜食葡萄快速预冷尤其适用。

(3)隧道式差压梯度预冷。这种预冷方式是在差压库的技术上,在隔热的箱体内安装了传送带,葡萄输送由传送带自动完成,预冷装置可连续操作,随进随出。连续输送的葡萄由采后初温 28 ℃左右被逐渐预冷到中心温度为 0 ℃。隧道式差压梯度预冷方式的优点是:预冷速度快、冷却均匀、连续性作业、生产能力大,在一定时间内可进行大批量快速预冷,特别适于鲜食葡萄大量预冷。

4.放保鲜剂与封口

葡萄预冷结束后应立即投放保鲜剂并封口。保鲜剂的投放根据不同品种、不同包装投放不同量的保鲜剂。封口前测定库温及果心温度,一般以温差不超过 2 ℃为宜。如果预冷后未完全封口,则在葡萄储藏期间会发生结露或起雾现象,造成葡萄腐烂、霉变。封口后即可以进行冷藏运输或储藏。

四、葡萄的运输

根据《预包装鲜食葡萄流通规范》(SB/T 10894—2012)中的要求:葡萄运输工具应清洁、卫生、无污染、无杂物,具有防晒、防雨、通风和控温设施,可采用保温车、冷藏车等运输工具。装载时应确保包装箱分批次顺序摆放,防止挤压,运输中应稳固装载,留通风空隙。不得与有毒有害物质混运。装载时应轻搬轻放,严防机械损伤。运输过程中应在不损害鲜食葡萄品质的情况下,综合考虑产地温度、运输距离、销地温度、适宜储存温度和湿度等因素,采取保温措施,防止温度波动过大。

1.运输方式

(1)公路运输。是当前葡萄运输的主要方式,随着高速公路和高等级公路的快速建设,公路运输越来越显示出它的优越性。汽车可以直接开到葡萄园或冷藏库,立即装车、发车,不受时间限制;路途中可安排两名驾驶员轮流驾驶,一刻不停地开往销售地,能大大节约时间。货架果品新鲜度非常好。

1 000 千米以内的常温运输:1 000 千米以内可以用普通汽车运输。运输前做好充分的准备,一般下午组织人员集中采收,稍散热后装箱,箱底铺硬板纸,装箱称重后,敞口放在阴凉处晾 4~5 小时,再放入快速释放的保鲜剂封箱装车,立即出发。晚上运输的,可不盖棚布,便于进一步散热;中午运输的,需盖棚布遮阴降温。常温运输要求做到快采、快运、快卸、快销。

1 000 千米以上的保温车或制冷车运输:销售地超过 1 000 千米以上的葡萄运输,应将采收的葡萄立即入冷库预冷并做防腐处理。经预冷的葡萄温度低、升温慢,在保温车中一定的时间内仍可维持较低的温度。一般来说,葡萄预冷到 1~3 ℃后装车,经 4~5 天到达销售地,葡萄的温度一般在 5~8 ℃;若用制冷车,则葡萄的温度会比原温升高 3 ℃。

(2)铁路运输。在运量较大和路程较远的情况下,可采取铁路运输,一般一节车皮可装葡萄 20 吨。铁路运输的产地和销地两头仍要用汽车运输,故一切衔接环节要事先安排好,切忌在车站、途中停留。在搬运装卸中,要轻搬轻放,防止野蛮装卸,以免损伤葡萄。

(3)航空运输。空运时间快,葡萄在运输途中损失小,葡萄可采收充分成熟的,其品质好、质量高、货架鲜度好、售价高。葡萄航空运输方式总的效益略低于汽车运输而高于铁路运输。近年来,我国山东、新疆等地均有大量葡萄通过空运到广东、广西、福建等地销售。

(4)海上运输。海上运输颠簸轻、运费低,但等距离运输时间长。船上降温设备多用冰和制冷机。水中航行运输时,其气温比陆地低,通过制冷空气流通,运输温度上下不超过 0.5 ℃。

2.运输中的保鲜

引起葡萄采后储运与销售过程中腐烂的病原菌主要有根霉、黑曲霉、青霉、灰霉、交链孢霉、芽枝霉等。其中,灰霉是葡萄低温管理中具有毁灭性的病害、灰霉病菌在低温条件下仍能生长繁殖,而葡萄对其抵抗力较弱。运输过程中使用保鲜剂并采用冷链运输,可以抑制灰霉菌的感染与发展,降低运输中的损耗。

(1)使用保鲜纸。葡萄保鲜纸能杀死多种葡萄致病菌,特别是对葡萄灰霉菌、黑根霉菌、交链孢菌具有强大的杀伤力。

(2)使用保鲜剂。相关试验结果表明,海上运输葡萄时间 1 个月,用聚乙烯袋加亚硫酸氢盐保鲜剂,葡萄灰霉病感染率仅 0.5%、失重率 0.4%,效果十分显著。研究表明,在 20 ℃左右的情况下,按标准采收的葡萄放入纸箱后,将快速释放保鲜剂放在葡萄上,或在箱内衬 1 张大的保鲜纸,把整个葡萄包裹起来,隔 3~4 天检查,放保鲜剂的灰霉病感染率 0.2%~0.5%,未放保鲜剂的灰霉病感染率 9%。在 2~5 ℃条件下运输,效果更明显。如从山东济南运巨峰品系到福建石狮 5~6 天,用保鲜剂处理的葡萄灰霉病感染率 0.3%~0.5%,未用保鲜剂处理的葡萄灰霉病感染率 2.5%。

(3)熏蒸法。短期运输的葡萄可用熏蒸法保鲜。采后预冷的葡萄,用塑料大帐封闭，每立方米用 2~3 克硫黄熏蒸 30 分钟或将高压气瓶二氧化硫发生器的气体导入帐内，剂量为 130~150 毫升 / 升，可抑制运期在 7~10 天的葡萄灰霉菌的发生和蔓延。

（4）运输工具检修与灭菌。葡萄装车前，对运输工具的主体、制冷元件、空气输送管道、温湿度记录设备、防护板和底部夹层等进行检查与维护。彻底清扫车厢厢体，用水、洗涤剂以及消毒剂对箱体进行认真洗刷，消除有害微生物和有害残余物。洗刷干净待箱体干燥后，方可装入葡萄。

（5）提前降低车厢温度。如果采用冷藏车，则装车前要将车厢温度降到要求的储藏温度，以便产品快速降温并有利于后续温度管理。

（6）合理码垛。码垛要利于车厢内和垛内空气环流，方便货物的温度管理。运输时码垛既要保护包装和货物不受运输工具运动引起的应力影响，同时又要能保证空气在运输环境各部位的正常循环。

葡萄运输码垛时应注意以下几点：① 运输工具对温度等的调控条件与运输持续时间，应尽可能采用冷链运输，并缩短运输时间；② 葡萄品种特性及装货时的温度，装货前应充分预冷；③ 根据包装容器的重量、大小、抗性、透气性等合理码垛，确保包装和货物的安全。

（7）运输条件与管理。为防止葡萄与箱体发生二次运动及旋转运动，必须装紧箱。所有包装容器应与运输工具构成一个整体。如果包装容器之间或包装容器与运输工具箱壁之间留有自由空间，则必须设置一些缓冲、固定、抗风和维持间隔的构造，防止包装容器的位移。依据运距选择适宜运输工具和运输温度：中长途运输应实施冷链运输；中短途运输可选择亚常温运输，并做好运前预冷。中长途运输应减少从预冷到市场销售过程中的果品温度发生起伏变化，保持厢内不同部位温湿度均匀一致。运输中，厢内温度一般控制在 0~1 ℃范围内，适宜相对湿度 90%~95%，气体指标一般为氧气 2%~3%、二氧化碳 5%~8%，车厢内要有足够的通风量，应能及时排出产品的呼吸热，以防升温发热。通风除热降温应在夜间凉爽时进行，且通风时不宜停止制冷。

第二节　葡萄的储藏

一、冷库储藏

温度是影响果实呼吸作用和酶活性的主要因素。低温储藏能够有效地抑制葡萄的呼吸作用，降低乙烯的生成量和释放量，抑制果实内过氧化物酶的活性，维持超氧化物歧化酶的活性，在一定水平上清除组织内产生的有害物质。此外，低温储藏还可以抑制致病菌的生长繁殖，避免褐变腐烂，有利于葡萄的保鲜。

现代化的机械冷库装有制冷降温设备，并有良好隔热保温层的储藏库房。现代化机械冷库一般由冷冻机房、储藏库、缓冲间和包装场四部分组成，它可以根据需要创造最适宜的低温条件，最大限度地抑制储藏果实的生理代谢过程，达到长期储藏的目的。葡萄储藏最适温度为 –1~0 ℃，上下波动不超过 1 ℃，一般机械冷库均可较好地达到这一要求。葡萄冷库储藏时的具体管理内容有以下几个方面。

1.温度管理

（1）冷库的前期管理。在无专门预冷库或冷库库体偏小的情况下，敞口预冷 1~2 天很难使葡萄果品温度达到 0 ℃。早期冷库温度可调整到比葡萄所要求的温度低 0.5 ℃，以加快葡萄预冷。冷库温度控制随品种而异，如储存巨峰品种的冷库，前 1 周左右可将库温降至 –1.5~–1 ℃，当果品温度降至 0 ℃左右时，立即将冷库温度提升到 –1~0 ℃；储存牛奶、木纳格等品种，早期冷库温度应控制在 –1~0.5 ℃，然后再提升到 –0.5~0.5 ℃。冷库温度控制也与葡萄成熟度有关系。一般来说，果梗木质化程度高、果粒含糖量较高的葡萄较抗低温。冷库内不同部位温度也有差异，靠近风机的部位温度最低，在冷库进门处无风机一侧的温度稍高。在摆放葡萄箱时，还应视品种、质量差异，选择合适的库位码垛。在冷库风机的风口处及每垛的最上层葡萄箱的葡萄容易忽凉（开机阶段）忽热（停机阶段）。有经验的葡萄储户通常在靠风机部位用塑料膜、麻袋片等遮挡葡萄箱。如果使用的是板条箱，且箱上无盖，则每垛最顶层的葡萄箱要用两层报纸覆盖。为了节省能源，当库外温度降到 0 ℃时，应打开冷库的通风机，加速冷库降温，并可降低冷库湿度。当外界温度低于 –6 ℃时，则不宜利用自然冷源降温。

（2）冷库的中后期管理。我国北方地区进入12月后，外界温度已经很低，制冷机启动次数明显减少。此时，应注意防止库温过低，定时检查冷库的保温情况，一旦发现库温偏低，应及时采取保温措施。早春是冷库温度管理的关键时期，此时冷库中大部分葡萄已出库销售，所剩葡萄不多，有时管理者常忽视及时开机，这种情况极易在氨制冷的大型冷库出现。无论是自动温控的冷库，还是氨制冷冷库，都应在冷库内不同位置设置水银温度计，精确度应以0.1℃为准。冷库内的温度应以库内温度计为准，并应注意调整自动控制系统的温度与库内温度的差异。要注意自动温控系统可能失灵，做到及时检修温控系统及制冷系统。

2.湿度管理

目前，我国葡萄储藏大都采用在葡萄箱内衬有保鲜膜的方式。葡萄储藏冷库的控湿问题与保鲜膜的选择有密切关系。各种保鲜膜都有一定的透湿性，尤其以PVC保鲜膜透湿性更好些。湿度管理还依时间及品种的不同而异，我国北方地区晚秋和初冬时节空气比较干燥，早期葡萄箱内湿度过大易出现不同程度的结露，因此，早期冷库的湿度应越低越好；而在储藏巨峰等耐湿品种时，后期应考虑冷库加湿问题。另外，还应考虑库体自身的湿度情况：建库第一年，若库体封顶是在雨季则库内湿度过大；在南方多雨地区库内湿度普遍较大，这些情况下，应在葡萄入储前期，加强冷库通风，降低冷库湿度。

3.气体流通

葡萄入储后呼吸强度较高，一些品种还会释放出乙烯等有害气体，用于储藏的冷库应利用夜间低温在前期进行通风换气。在库体管理中应做到定期通风换气，以保持冷库空气清新洁净。

4.检查与处理

冷库中的果品要按品种、质量等级分别码垛，以便随时观察葡萄储藏中的变化。各类果品，甚至不同葡萄园采摘的果品，都应选择有代表性的葡萄箱作为观察箱。葡萄箱在冷库中所处的部位不同，其温度、湿度都有差异。对上述不同类型的观察箱，应定期进行检查，储藏前期和后期可每周检查1次，中期可每半个月检查1次。对葡萄箱检查一般是透过保鲜膜观察葡萄有无霉变、干梗或药剂漂白现象，有时还应抽样敞口检查或从箱内提出塑料袋观察底部果穗的变化情况并及时处理。

二、气调储藏

气调储藏是目前公认的果蔬储藏最有效的方法。该技术主要是指在适宜的低温条件下,通过调节储藏环境中二氧化碳与氧气的比例与浓度,起到抑菌和抑制果蔬呼吸强度的作用,从而延长果品储藏期。

1.气调储藏分类

气调储藏技术大致可分为三类,即气体控制(Controlled Atmosphere,CA)和气体调节(Modified Atmosphere,MA)及减压储藏三种。其中,气体控制储藏是指调节环境中气体成分组成的冷藏方法,一般是降低环境中的氧气浓度,提高二氧化碳浓度,保持适于所储果蔬的最佳气体组成,这就是我们通常所说的气调库储藏。气体调节储藏是指利用薄膜包装的简易气体控制储藏,即利用透水透气性较高的薄膜包装果蔬,在包装容器内形成比较适宜的气体组成,以达到保鲜目的。减压储藏又名低压储藏,是指通过减低气压,排出产品的内源乙烯及其他挥发性物质,从而更有效地抑制果品的后熟衰老。目前,生产中主要应用气调保鲜袋和气调库对葡萄进行储藏保鲜。

2.气调库

气调库就是配用了气调装置和制冷设备的密闭储藏库。气调库与一般机械冷库相同,要求有良好的隔热保温层和防潮层,库房内要有足够的制冷能力和空气循环系统。一般气调库比冷藏库要小一些,因为产品入库后要求尽快装满密封。另外,气调库要有很好的气密性,为了防止漏气,可在四壁内侧和天花板、地板加衬金属板或不透气的塑料板,或喷涂塑料层,杜绝一切漏缝。库门、观察窗和各种通过墙壁的管道也必须加用密封材料。一座气调库一般只能保持一种气体组合和温湿度,若需保持几种不同的气体组合,则可将气调库分隔成若干个可以单独调节管理的储藏库。气调库气体的调节采用人工快速降氧,效果明显。目前应用比较普遍且易于操作的快速降氧设备是催化燃烧降氧机和活性二氧化碳脱除机,使用快速降氧设备,管理人员只需经常检测库内气体成分,根据储藏产品的需要,随时操纵机器进行调节即可。

3.葡萄气调储藏技术

气调储藏时,气体浓度应根据不同品种、果实成熟度、温度及储藏时间长短等而定。吕昌文研究（1994）认为，巨峰葡萄适应低氧气和高二氧化碳环境，最适气体成分为 5%氧气 +（8%~12%）二氧化碳；王春生（1998）发现，15%氧气 +3%二氧化碳是龙眼葡萄储藏的最佳气体条件；黄永红等认为葡萄储藏中要求的氧气含量为 2%~3%，二氧化碳含量为 3%~5%。选用 0.03 毫米的聚氯乙烯薄膜袋包装，容量以 2.5~ 5 千克为宜，在 24 小时内放入温度已降至 –1 ℃的预冷间内预冷（可在预冷的同时装袋），待库温降至 0 ℃左右时，放入葡萄保鲜剂，用量为红地球每 5 千克 7~8 包（2 片 / 包，1 克 / 片），巨峰、玫瑰香、龙眼等品种每 5 千克 9~10 包。放入时每包用大头针扎两个孔，然后扎紧袋口。虽然葡萄气调储藏的条件根据品种和储期长短有所不同，各国研究者的结果也不尽一致，但目前对大多数葡萄品种气调储藏条件较为一致的看法是：温度 0~1 ℃，相对湿度 95%，二氧化碳 2%~3%，氧气 2%。

三、低温气调化学储藏

在一般冷藏条件下，葡萄的烂果率可高达 30%。冷藏库的空气相对湿度大多在 80%左右，湿度偏低，在保鲜过程中葡萄的失水率有时高达 13%，而果蔬在储存时的失水率若为 5%就会萎蔫、疲软、皱缩，失去鲜度，葡萄还会出现干枝掉粒现象。为了降低储藏葡萄的失重率，冷藏库内相对湿度一般为 90%~95%。但湿度过高，又容易引起真菌的繁殖和生长，导致果实霉烂，因此单独利用冷藏效果不够理想。为了克服这一矛盾，国家农产品保鲜研究中心研究并推广应用了"微型节能冷库 + 气调保鲜膜 + 保鲜剂"储藏模式，这种储藏模式具有很好的储藏效果，可使葡萄的储藏期延长 3~6 个月。低温气调化学储藏工艺流程如下：

判断成熟度→适时采收→修整后放入内衬保鲜袋的纸箱中→及时入库预冷 12 小时左右→果品温度达到 0 ℃左右时放入葡萄保鲜剂→封袋、码垛→储藏管理→出库。

四、涂膜保鲜

涂膜保鲜是指在果实的表面涂上一层很薄的无味、无毒、无臭的膜，以阻止空气中的氧气和微生物进入、有效控制果实的呼吸强度、减少水分的蒸腾损失、防止果实失水干皱、增加果实表面光泽、延缓成熟过程、减慢葡萄的腐败及氧化变质。在涂膜中加入适当的防腐保鲜剂,可以保持葡萄新鲜状态,降低腐烂损耗。目前广泛应用于果实保鲜的涂膜材料有糖类、蛋白质、多糖类蔗糖酯、聚乙烯醇、单甘酯、多糖、蛋白质和脂类组成的复合膜及可食保鲜剂等。其中,利用成膜的大分子化合物作为保鲜剂组成,是近年发展起来的较为先进的保鲜方法之一。

五、简 易 储 藏

我国葡萄栽培历史悠久,广大劳动人民在长期的生产实践中创造了许多简便易行、经济有效的储藏方法。这些方法设施简单、投资少、建库快,储藏效果尚可,总的经济效益较好,很适于小批量储藏应用,所以也很有推广应用价值。

1.窖藏

储藏窖为自然通风式永久性地下储藏窖,窖的四壁用石头或砖砌成,不勾缝,以增加窖内湿度。墙宽 40~50 厘米,高 250~280 厘米,窖顶由水泥、石头拱制而成,拱高 30 厘米,其上覆土 80~100 厘米,以利保温隔热。窖宽 280~300 厘米,长度依储量而定。窖内温、湿度由进出气口调节;窖的两端各设一个进气孔,低于窖底 10~20 厘米,直径 50 厘米,中间设一个排气孔,也是出入口,直径 80~100 厘米,通风效果好。储藏窖节省投资,简单易行,一般果农都可以建造。储藏窖可储藏晚熟品种如龙眼、晚红、秋黑等,效果较好。如储巨峰则易干梗,储期比恒温库短。

入储前自然通风窖每立方米点燃 20 克硫黄粉密闭熏蒸一昼夜,通风换气后方可入储。葡萄采后经 12~48 小时预冷后即可入窖。入窖的时间以早晨为宜(早晨温度低)。储藏方式有吊挂式,即在室内立柱、拉铁线,将果穗吊挂在铁线的小钩上;堆放式,即在窖内上下分若干层,每层铺上秫秸帘,其上摆放葡萄 1~2 层;塑料袋小包装式,就是将葡萄装在塑料袋里,每袋 2.5~5.0 千克,内放保鲜药剂,摆放在帘上;箱储式,即先把塑料袋铺在箱内,然后再把葡萄放在塑料袋里,预冷后放入保鲜药片并将袋口扎紧,每箱 5~10 千克,在窖内码垛。

堆放式和吊挂式储藏的果穗裸露,入窖后每立方米点燃 4 克硫黄粉熏蒸,每 10 天 1 次,每次 30~60 分钟。入储 1 个月后,温度降至 0 ℃左右时,每隔 20~30 天熏蒸 1 次,每立方米用 2 克硫黄粉。第二年 3—4 月当窖温回升时,每立方米仍用 4 克硫黄粉熏蒸。箱储的每个月要倒一次垛。

适宜储藏温度为 0~2 ℃,果温是 −2~−0.5 ℃。自然通风窖入储后窖温较高时,应积极捕捉冷源,最大限度地降低窖温,白天关闭进出气口,夜间待外界气温低于窖内温度时再打开全部窖门,一直降到适宜温度为止。自然通风窖的相对湿度应保持90%~95%。如湿度不够,则要向窖底洒水,洒水除可增加湿度外,还可起到降低库温的作用;湿度大时,可打开进出气口,以通风换气、降低湿度。

2.室内储藏

室内储藏在我国兰州、宣化等地为农家习惯使用。室内储藏的管理内容是调节温湿度。温度过高时,晚间打开门窗通风降温,白天则紧闭门窗不让热气入室;温度过低时,要在室内加温至0~3 ℃;平时可在室内洒水或挂湿草帘增加空气湿度。用以上方法储藏葡萄晚熟品种,储期可达5个月,好果率不低于80%。

3.塑料袋储藏

塑料袋储藏法适于我国北方地区葡萄储藏。先经过预冷处理的葡萄一筐筐码堆成排,筐间留间隙,排间留通风道,然后用塑料大帐封严,进行二氧化硫熏蒸,经2小时后揭帐,同时立即将果穗装入1千克装的聚乙烯袋内,扎紧袋口,平放入箱中或堆放在架上。元旦或春节出售,好果率高达95%。也可以将新鲜葡萄放在10 ℃以下的阴凉处降温3~5天后,装成5千克一箱,箱内放亚硫酸盐加硅胶拌匀的药包,再把箱子套进塑料袋中,袋口扎紧,然后储入0 ℃左右地窖内,每隔25天换药1次,可使葡萄保鲜3个月,损失低于20%。

第三节　葡萄的加工

一、葡萄果汁的加工

1.工艺流程

原料选择→冲洗→除梗→破碎→压榨→过滤→澄清→调配→装瓶→杀菌→防腐→成品。

2.工艺要点

(1)原料的选择。加工葡萄果汁,应选择完全成熟、色泽鲜艳、无腐烂、无农药残留的新鲜葡萄果实作为原料。

(2)冲洗与除梗。选好的葡萄,要先用清水冲洗干净,待晾干后再除去果梗。

（3）破碎与压榨。先用粉碎机将果粒挤压破碎，使果汁流出。然后将果浆装入不锈钢容器内加热 10~15 分钟，温度 60~70 ℃，以便使果皮色素浸出并溶于果汁中。

（4）过滤与澄清。榨出的汁液先用粗白布过滤，除去汁液中的果皮、种子和果肉块等，然后将汁液装入经消毒杀菌处理过的玻璃瓶或瓷缸中，按汁液质量的 0.08％加入苯甲酸钠，搅拌均匀，使之溶解。经 3~5 个月的自然沉淀，果汁澄清透明，吸出澄清液。

（5）调整糖酸比例。糖液及调和糖液采用热溶法，添加辅料后，保持 55°Bx（白利度，浓度百分数）的糖度。根据多数人的口味，一般将葡萄果汁的糖酸比调整为（13~15）：1。

（6）装瓶与杀菌。将果汁瓶刷洗干净后，先进行蒸汽或煮沸杀菌，然后将调配好的新果汁灌入瓶内，经压盖机加盖封口，将瓶置于 80~85 ℃热水中，保持 30 分钟，取出将瓶擦干，即可粘贴商标，装箱出售或储存。葡萄汁存放要求在 4~5 ℃阴凉环境中。

（7）防腐及保存。将上述加工好的葡萄汁，过滤一遍后加入 0.05％苯甲酸钠，再倒入含 350 克 / 千克二氧化硫的缸中杀菌。经过混合杀菌后的果汁装入缸罐密封，并放置冷凉地方（3~5 ℃）保存 1 年以上再食用。采用这种处理方法保存的果汁，色泽、风味和含糖量基本上没有变化，维生素 C 损失也很少。

3.产品质量

（1）感官指标。葡萄果汁饮料为均匀透明液体，无悬浮杂质，允许有微量果肉沉淀；具有葡萄特有的香气；口感醇厚，酸甜适口，无其他异味。

（2）理化指标。可溶性固形物含量（20 ℃折光计）≥12％，砷（以 As 计）≤0.5毫克 / 千克，总酸（以柠檬酸计）≤0.35％，铅（以 Pb 计）≤1.0 毫克 / 千克，果汁含量（以原汁计）≥20％，铜（以 Cu 计）≤10 毫克 / 千克。

（3）微生物指标。细菌总数≤100 个 / 毫升，大肠菌群≤3 个 /100 毫升，致病菌不得检出。

二、葡萄罐头的加工

1.工艺流程

果穗分选→消毒与漂洗→漂烫→扭粒→分级→称重→装罐→排气→封罐→杀

菌→冷却→抹罐→储存→成品→商品。

2.操作要求

（1）分选。将整穗分剪为几个小串，每串约 10 粒果，先把不好的果粒去掉，然后进行冲洗。

（2）消毒与漂洗。将小串葡萄冲洗干净后，放入 0.03％~0.05％高锰酸钾溶液中，浸泡 3~5 分钟，取出，用清水漂洗 2~3 次，至水无红色为止。

（3）漂烫。将上述处理的葡萄放入篮子中，在 70 ℃左右的热水中放置 1 分钟，取出后，立即放入冷水中冷却至常温。

（4）扭粒与分级。将漂烫好的葡萄串上的葡萄果粒，用手轻轻地扭下，也可用剪刀自果蒂贴皮剪下，确保果粒完整、果皮无撕裂或破损。摘下的果粒按大小、颜色、形状分级。同时应去除病果、裂果等不合格的果粒。果粒放入 0.1％的柠檬酸溶液中，防止发生褐变。

（5）装罐。先将处理好的果粒按标准称重后装入干净的罐中，再加入适量的糖水。糖水的浓度按照下列公式进行计算：

$$X=(A \times B-C \times D)/E$$

式中，X——需要配制的糖水浓度；

A——每罐净重；

B——要求开罐时的糖水浓度；

C——每罐应装入的果实量；

D——果实的可溶性固形物含量；

E——每罐应加入的糖水量。

配制糖水时，应选用优质白砂糖和清水（最好是纯净水，要求 pH 为 6.5~9.5，硬度为 15~16），随用随配，避免存放时间过长。装罐时首先按罐形要求称出葡萄重量，然后倒入罐中，再加入 80 ℃的糖水，在罐的上部留 3~6 毫米的空隙。

（6）排气。通过排气，可以使罐中形成一定的真空，这与罐头的保存期有很大关系。

（7）封罐排气后，必须立即封罐。在良好的温度与真空条件下操作对产品质量和储存时间长短有重要影响。封罐过程中，必须对瓶盖进行严格的清洗，认真检查橡皮圈和密封垫有无缺陷、污染，不合格者一律剔除。

（8）杀菌封口后，立即进行杀菌。通过适宜的温度将罐内的酵母菌、真菌等有害微生物杀灭,防止腐败并最大限度地保持果实的原有风味和营养成分。现在生产上一般采用常压灭菌的方法进行杀菌。常压灭菌是将罐放入杀菌容器内,水温由60~70 ℃,逐渐上升到85~90 ℃,经过5~15分钟。然后,逐渐冷却,一般水温降到35~40 ℃即可。随着科学技术的发展,杀菌方法还可以采用红外线杀菌、微波杀菌、辐射杀菌、抗生素杀菌等。

(9)冷却杀菌后必须迅速降低果品罐头的温度,以保证果实的风味、色泽和硬度。冷却一般采用的介质为水和空气。空气自然冷却速度较慢,较少采用。水冷却有喷淋法和浸泡法两种方法,生产上一般采用浸泡法冷却。浸泡法冷却时,冷却水要求干净、卫生。

3.成品检验

(1)微生物法。抽取产品的一定数量,放在适宜的温度条件下培养,经显微镜观察有无有害微生物的存在。

(2)理化法。根据国家轻工标准(QB/T 1382—1991)《糖水葡萄罐头》对葡萄罐头的要求逐项检查。糖水葡萄罐头的感官要求如表8–4所示。

表8 - 4 糖水葡萄罐头的感官要求

项目	优级品	一级品	合格品
色泽	果实呈紫色至花紫色或黄白色至青白色两类,同一罐中色泽大致一致,糖水较透明,允许含有少量种子和不引起浑浊的少量果肉碎屑	果实呈紫色至花紫色或黄白色至青白色两类,同一罐中色泽较一致,糖水较透明,允许含有少量种子和不引起浑浊的少量果肉碎屑	果实呈紫色至花紫色或黄白色至青白色两类,同一罐中色泽尚一致,糖水尚透明,允许含有部分种子和不引起浑浊的果肉碎屑
滋味、气味	具有糖水葡萄罐头应有滋味气味,甜酸适口,无异味	具有糖水葡萄罐头应有的滋味气味,甜酸较适口,无异味	具有糖水葡萄罐头应有的滋味气味,甜酸尚适口,无异味
组织形态	果实去梗,带皮或去皮,果形完整,大小大致均匀;软硬适度;允许叶磨,破裂果不超过净重的5%	果实去梗,带皮或去皮,果形完整,大小较均匀;软硬较适度,允许叶磨、浅褐色斑点,破裂果不超过净重的7%	果实去梗,带皮或去皮,果形完整,大小尚均匀,软硬尚适度;允许有少量叶磨、浅褐色斑点和酒石结晶存在;大破裂果和变形果不超过净重的10%

(3)保温法。在每批产品中取一定数量进行保温储存试验,以测定有无好气性微生物的存在。具体方法为:将产品放置在32~37 ℃,经7~10天,观察有无胀罐现象。对胀罐现象要找出原因,并将胀罐的产品销毁。

（4）打检法。用金属棒或木棒轻轻击打罐盖，发出的声音以清脆而坚实的为好。反之，则不好，应当去除。打检法是一种经验检查方法。

无论经过什么样的检查方法，在产品贴标签前，仍要对罐头逐个进行观察，外形上不能有生锈、变形、漏、瘪等异常现象。除此之外，还要抽检，开罐检查果品的色泽、形态是否符合标准，有无异味，是否符合国家标准，然后决定是否进入市场。

4.储藏

储藏地点（库）应保持干燥、冷凉，温度以 0~10 ℃为佳，湿度以小于 40%为好，防止出现露点，导致金属部分生锈。冬季应防止受冻，当储藏库出现露点时，应在晴天进行通风换气，也可以用生石灰或氯化钙吸湿，以降低储藏湿度。夏季早晚开窗，通风降温。产品在库中存放时，应将不同日期、品种、批号等产品分别存放并设明显标志。出库时应检查产品手续是否完备、数量是否清楚等，以便在产品投放市场后，若发现问题可以得到及时解决。

三、葡萄果脯的加工

1.工艺流程

葡萄分选→淋洗→消毒与漂洗→扭粒→糖制→烘烤→分级→包装。

2.操作要求

（1）原料。选用粒大、肉质肥厚、汁少、颜色浅的无核品种（或有核品种）。要求果实无病虫害、无霉烂粒、新鲜、充分成熟。

（2）分选、淋洗、消毒与漂洗、扭粒操作与制罐工艺相同。

（3）糖制。采用多次糖煮法。先将处理好的果实，放入 30%~40%糖水中煮 5~6 分钟，再转入 50%的热糖溶液中煮 5~8 分钟，至果粒呈透明状时取出，用热水漂洗，冲去果实表面的残糖，淋干即可。

（4）烘烤。将糖制好的果实均匀地摆放在盘中，放入 65~70 ℃的烘房中烘烤 10 小时左右，直到果脯中的含水量达到 25%为止。烘好的果脯取出回潮 24 小时后进行人工整形。将整理好的果脯再放入 55~60 ℃的烘房中，烘烤 6~8 小时，至含水量 20%时止。烘烤时应注意倒盘，防止因受热不均导致果脯焦煳的现象发生。

（5）包装。将烘烤好的果脯，经回潮去除发黑、焦煳和烂的果，然后按大小、色泽进行分级、称重、装袋，最后抽真空封口即为成品。

四、葡萄干的加工

葡萄干是葡萄产品中的珍品。葡萄干不仅味道鲜美,而且含有 65%~77% 的糖和有机酸、纤维素、单宁等营养物质,有重要的保健效果。葡萄干原料主要是无核品种,我国的葡萄干原料主要产于新疆,甘肃的敦煌和内蒙古的乌海有少量生产。葡萄干的最适含水量为 12%~16%,要达到这个标准,葡萄鲜果必须脱水 50%~70%。如果含水量过低、脱水过多,则葡萄干吃起来会干、硬、涩,风味变差;如果含水量过多,则可造成果粒软,容易结块发霉,储藏性差。葡萄干的加工方法主要有以下几种。

1.自然干燥法

1)晒干法

是指利用高温、干燥的自然气候条件,把葡萄放在阳光下晒成葡萄干的制作方法。这样制成的葡萄干呈红褐色,味甜,风味独特,品质优良。晒场可以选择土场、沙场、砖场、水泥场等。晒干的方法主要有普通晒干法、冷浸快速制干法、架挂法等。

(1)普通晒干法。即将果穗平放在晒场上(厚度以一个果穗为宜,太厚容易腐烂)使其自然晒干。

(2)冷浸快速制干法。主要是采用药剂方法冷浸果穗,以便生产出琥珀色葡萄干。药剂成分为:水 1 千克、碳酸钾 30 克、氢氧化钾 0.6 克、油酸乙酯 3.5 克、酒精 610 毫升。先将氢氧化钾放入酒精中搅拌,再加入油酸乙酯,搅拌成乳白色即可。然后,将放入葡萄的果筐在药液中浸泡 1~3 分钟,捞出后先沥干,再在晒场上晒干,即成为琥珀色葡萄干。

(3)架挂法。即在晒场上设立木桩,桩上拉铁丝,把葡萄挂在铁丝上,在阳光下可以晒制质量较高的红褐色葡萄干。

2)晾干法

我国新疆地区葡萄干的加工普遍采用晾房内晾干法,产品全部是黄绿色,以吐鲁番生产的品质最优。晾房也称阴房,建设晾房的地点应选择在地势较高的通风处。晾房的种类很多,按照建筑材料可分为土木结构、砖木结构和纯木结构三类,建筑的方式可以是屋形和棚形;按照内部结构设备可分为挂刺晾房、木架晾房、铁网晾房、帘子晾房和挂竿晾房五类。在晾房内,葡萄干的晾晒方法分为普通晾晒法和促干剂法两种。

（1）普通晾晒法。将果穗分别挂在挂刺上，放稳、挂牢。注意不要手压堆放，以防腐烂变质和果穗脱粒。

（2）促干剂法。是指利用促干剂晾制葡萄干的一种方法。每包促干剂（350克）加水15千克，充分拌匀，将放有葡萄的篮子在药液中浸泡1分钟，沥干后，挂在刺上或吊帘上晾干，每包药剂可以处理300千克的葡萄，一般10~15天即可晾成葡萄干。

2.人工干燥法

人工干燥法主要有浸碱熏硫法、冷浸快速制干法、远红外干燥法和微波干燥法四种。

（1）浸碱熏硫法。碱液能除掉果面蜡质，破坏果皮组织，加速水分蒸发。硫黄燃烧产生的二氧化硫气体，具有漂白杀菌的作用，可以防止葡萄干褐变，使其外观呈现金黄色。浸碱熏硫法具体操作过程如下：第一步，浸碱，把葡萄浸在0.5%~2%煮沸的氢氧化钠溶液中，稍加摆动后取出沥干，随后放在冷水中冲洗干净。第二步，将经碱液处理过的葡萄放入烘盘中，送入熏硫室，每千克鲜果应用硫黄0.5~1克，熏硫时间为2~3小时。第三步，把熏硫后的葡萄进行烘干。

（2）冷浸快速制干法。方法基本与自然干燥法中"冷浸快速制干法"相似。

（3）远红外干燥法。指利用各种设施，充分吸收太阳能或各种红外发生器产生的能量，促使葡萄快速干燥的方法。现在，利用的能量主要是太阳能，用吸收远红外线的涂料吸收能量。

（4）微波干燥法。是一种利用产生微波的机器产生微波使葡萄变干的方法。微波干燥法的主要优点是干燥速度快。但因为微波干燥是先从果粒中央含水量最多的地方开始失水，然后才是皮层变干，常常导致浆果中心已经变焦而外部还未干，因此，这种方法不适于葡萄烘干。

第四节　葡萄的营销

果品营销是智商、财力、人力等诸多因素的综合竞争。市场营销能力低下是影响我国葡萄市场竞争力的重要因素之一。因此，必须采用现代营销手段，提高我国葡萄产业的市场竞争力。

一、我国葡萄的营销方式

葡萄的营销市场可分为产地市场、零售市场和批发市场三类。产地市场不存在任何组织形式，买方在葡萄成熟时，到果农家中以现金收购或直接消费，或在本县城镇、乡村销售；零售市场分布在葡萄产区周边县市，由生产者直接销售，或由小商贩到产地小批量进货销售；大、中城市的果品批发市场是葡萄销售的主要批发市场。

葡萄销售商有生产者自身、零售商和批发商三种。销售运作方式主要有以下几种。

（1）生产者→消费者。此种方式销量较少。

（2）生产者→零售商→消费者。主要为周边县、市的零售商直接到生产园收购葡萄并进行销售。

（3）生产者→批发市场（批发商）→零售商→消费者。即生产者将葡萄运到大、中城市批发市场，批发商仅提供摊位、提供服务，销售决策权在生产者自己。现在采用此种方式者较少。

（4）生产者→委托代理人→批发商→零售商→消费者。这种方式是目前我国葡萄进入批发市场的重要途径。大、中城市的果品批发商委托产地已建立关系的代理人，在葡萄成熟之前，到葡萄园勘察，预付订金，约定买卖。葡萄成熟后，由代理人负责通知果农分级、包装，批发商验收后付款给代理人，由代理人将款分发给果农，并代办运销手续。

（5）生产者→批发商（共同运销）→零售商→消费者。这种方式是在果品批发市场的批发商与果农、运销户建立了良好的产销关系的基础上发展起来的。其运作原则是：共同出资，职责分明，风险共担，利益共享。采用这种方式时，葡萄产区的运销户在葡萄未成熟前，到果农的葡萄园勘察，口头约定买卖关系，采收时间、果品规格、数量、包装要求由批发市场的批发商确定，采收时由当地运销户组织好货源，再运送到批发市场交由批发商处理。由于运销户在产地，并都有自己的果园，长期从事葡萄生产与运销，收购价又随行就市，葡萄在批发市场出售后果农能及时得到货款，批发商与运销户都不必为收购产品付周转金，所以葡萄销售快捷便利高效。

二、我国葡萄营销存在的问题

目前,我国葡萄营销主要存在以下几个问题。

(1)政府对水果经营中的宏观指导等调控机制不健全,市场体系建设不完善。果品市场供求服务平台建设缺少,市场信息很难在产地和市场之间及时有效传递。

(2)果农的分散经营、小规模生产、松散的组织化程度,影响了市场的开拓和销售网络的建立,无法实现直接与国际市场对接。

(3)我国葡萄生产者的市场营销观念还比较淡漠,没有专业化的果品营销队伍,营销绩效比较差,不讲究营销策略。对国际市场需求的研究开发不足,品牌意识差,在市场上销售主要靠单打独斗,还停留在无序竞争阶段。

(4)缺乏现代的营销手段,如订单农业、电子商务等;缺乏配套的物联网、冷链运输等。

三、我国葡萄营销的策略

针对葡萄营销中存在的问题,今后我国葡萄营销的策略主要有以下几点。

(1)加强政府对果品经营的宏观调控。健全经营体制,完善果品营销体系,增加服务平台;加强果品市场信息网络建设,提高信息服务质量,使果农能及时了解销售的全局情况,激发果农积极性。

(2)加大对营销中介服务组织的扶持力度。建设专业化的果品营销队伍,充分发挥专业销售队伍、农民"经纪人"队伍和客商队伍的作用,全方位多渠道加强销售工作,建立稳定的销售网络,保障市场价格稳定和果农利益,实现葡萄生产的良性循环,促进葡萄产业可持续发展。

(3)强化组织化程度。要以职业道德高尚、有奉献精神和经营管理能力的经纪人为核心。同时,在考虑风险共担、利益共享和自愿参加的原则下,组建各类葡萄协会和葡萄专业合作社等产业化经营服务组织,不断提高果农的组织化程度,建立规模化的生产基地,按质量标准和技术规程进行生产,建立自己的品牌,形成区域特色。发挥果品行业协会等组织的影响力,促进葡萄生产、加工、运销,实现产供销一体化。

(4)树立现代营销新理念,全面提升葡萄品位和档次。发展订单农业,与葡萄龙头企业订立产销合同,明确种植品种、收购标准和最低保护价,做到有的放矢。建立水果直销市场,使葡萄能从产地直接调运到零售店,减少果品的中间流通,降低成本,提高效益。开展果品电子商务,随时提供各地的葡萄货源、价格、果品追溯信息,实现网上支付、安全认证、数字签名、冷链物流配送、质量监控、售后服务等一系列电子销售环节。

(5)积极组织开展产销衔接活动。通过组织、举办各类果品展销洽谈活动,扩大国内外市场。与超市、农贸市场建立长期的产销关系,按时供应一定数量的达到要求的葡萄,保证稳定的销售渠道和空间。

(6)重点培植大型龙头企业,让它们有能力直接进入国际市场,进而带动国内市场。

第五节　优质葡萄种植经营之道

一、延川稍道河村:葡萄串起的"致富经"

一进村子便看到许多村民正在自家的院子里忙活着,石块儿堆砌而成的墙焕然一新,还有一些人正在葡萄园子旁边的路旁修建销售点和小型停车场。一旁的稍道河村第一书记冯呼呼告诉记者:"今年村子正在发展葡萄采摘园,村民开始自己动手修起了农家乐,翻新自家的院子,想更好地留住游客。"

稍道河村是陕西省延川县杨家圪坮镇的一个小山村。村子依山而建,两边河岸全是石头,方言称为石稍,因而得名"稍道河"。

"在过去,稍道河村没有主导产业,因种植、养殖等传统农业而被称为无规模、无特色、无前景的'三无村庄'。工业更是一片空白,村民仅靠零碎种植及外出打工来赚钱养家,出村的路也只有一条'标配'山村土路。"冯呼呼告诉记者,这个曾经落后贫穷的小山村,现在却是闻名县城的优质葡萄采摘村。很多县城游客包括外地的游客专门驱车前往,只为品尝这里新鲜味美的优质葡萄,"每到周末的时候车辆特别多,采摘园中人来人往,游客流连忘返。"

"我们村的葡萄全用的是农家肥,个儿大,酸甜也刚好。"在路边已经建好的销售点上,热情的梁永俊正忙着把葡萄装进篮子里准备售卖。梁永俊被称为村里的致富带头人,他养了近 100 头的猪,种了五亩葡萄,2015 年就已经是脱贫户,从那时候起便为村民树起了脱贫致富的好榜样。梁永俊现在一年收入有七八万元,提起现在的生活,满脸笑容的他说:"现在政府政策好,给我们专门修建了停车场和销售点,我正准备修农家乐,再合计着葡萄采摘园的生意,日子肯定是越来越好了!"

精准扶贫工作开展以来,稍道河村结合村、户实际,将其与发展产业、移民搬迁、劳务输出等脱贫措施对号入座,形成了"两塬"苹果 + 养殖的发展模式,采取"一沟"发展苹果 + 养牛,"一川"发展葡萄 + 养猪的产业格局。以"一川"为例,2016年在党员葡萄种植大户的带动下,全村新种植了葡萄 100 亩,从安排专人调苗、技术培训栽植、送水泥杆到村,政府全程参与,在技术和资金上给予双扶持。同时,邀请专家对果农在技术上进行全面系统的培训,通过整合扶贫资金,每亩补助 1 200元,有效地为贫困户发展葡萄产业解决了后顾之忧。

除了致富带头人梁永俊外,干了 20 多年的老村支书张凤新也引起了记者的注意。记者见到他时,老书记正在为自家的葡萄采摘园去除枯叶。

"政府给我们装了防雹网,换水泥杆,销售点也快建好了,现在全村有 200 亩葡萄,村民光景一天比一天好,都有了干劲儿了!"谈起村子现在的变化,张凤新笑容满面。作为老村支书,如何带动村民致富是张凤新心里想得最多的一件事,他把一些在外打工和无劳动力家庭的零散土地流转过来,这些闲置土地经他种植葡萄和管理后,逐渐成为丰产的葡萄园,去年一年收入到了 13 万元,预计今年能达到15 万元。同时,他还经常为村民培训种植技术,帮助村民修剪和管理采摘园。

张凤新说,预计两年葡萄丰产后,每亩能产 3 千斤,产值可有 1.5 万元。同时,这里还会打造精品采摘园,把葡萄销售在田地中。"好多人现在开始回村里发展了,一年葡萄和养殖收入比外面打工赚得多了,以前哪有这么好的事儿!"

从"三无村庄"到年人均可支配收入 8 600 元的转变,稍道河有自己一套独特发展思路。其中,靠近乾坤湾景区成了稍道河一大优势。据了解,未来这里将依托乾坤湾旅游景点发展第三产业,开发创建稍道河集休闲、娱乐、住宿、餐饮、农产品储存、交易等于一体的旅游服务区,打造一个集观光、旅游、垂钓、娱乐于一体的生态水塘。

果畜产业蓬勃兴起,群众致富道路越来越宽。稍道河村的变迁是延川县推进一村一品发展模式带动群众脱贫致富的一个缩影。延川县委书记张永祥告诉记者,通过科学规划,大力推进一村一品、一乡一业发展模式,促进了以水果、设施蔬菜、畜牧、中药材等为主导产业的一村一品专业村快速发展,有效促进了农业增收、农民增收和农村经济的持续、健康发展。

二、"小葡萄"串起农民致富"大产业"

盛夏8月,浙江浦江的葡萄大面积成熟了,串串冰紫玲珑的葡萄挂满枝头,前来采摘的四方游客络绎不绝。浦江县拥有与新疆"吐鲁番"相似的盆地环境,所产的葡萄个儿大,甜度高、口味好。从1985年开始引进葡萄到现在浦江葡萄一路发展,如今已初具现代化规模,实现了精品化种植,成了当地农业的第一产业、特色产业、富民产业。

目前,浦江全县葡萄种植面积6万余亩,占浙江省葡萄种植面积的1/8,年产量超过9万吨,使1万余户家庭实现年年稳定增收。"中国巨峰葡萄之乡""G20峰会专供水果"……如今,一个个有关"浦江葡萄"的耀眼名词也被百姓口口相传。在浦江县这个"精品葡萄之乡"的成长背后,浦江农商银行是当之无愧的葡萄产业转型升级与葡农"增收致富"道路上的金融"大推手"。

为支持浦江县葡萄产业结构转型发展,2014年,浦江农商银行积极围绕政府产业结构调整战略目标,加大普惠支农力度,与县农业局合作,量体裁衣推出"扶持葡萄产业"专项贷款,有效满足广大葡萄种植户在大棚扩建、滴灌改造、品种改良等葡萄产业结构优化、转型升级中的资金需求。该项专项贷款利率上浮幅度由原来的60%改为30%执行,10万元(含)以下贷款采用信用方式发放。同时,简化办贷手续,在资料完整的前提下,做到当天申请当天发放贷款,极大地满足了农户"短、频、急"的资金需求。

据悉,至2010年底,浦江农商银行支持的葡萄种植户仅有79户,信贷支持金额仅511万元。至2016年,在7年不到的时间,浦江农商银行发放的"扶持葡萄产业专项贷款"已惠及葡农1 772户,支持金额达1.75亿元,实现了信贷支农覆盖面的飞跃提升,成为浦江葡萄跨越式发展的强大推动力。

服务延伸,建立三大"葡慧"金融工程

随着葡萄产业的迅速发展,葡农的消费和结算需求也日益多元化。浦江农商银行通过优化金融服务,完善普惠体系,全方位、多层次完善葡萄产业在种植、销售、加工等产业链中的综合性金融服务。

资金结算渠道工程。全面推进电子银行工程建设，推广手机银行、网上银行、助农终端等电子银行渠道。截至目前，浦江农商银行已在全县安装自助存取款机111台，POS机1 367台，在251个金融服务空白乡村开通银行卡助农取款服务，充分满足了葡农日常存取款、转账需求。同时，浦江农商银行还因地制宜在全县网点设立便民钞币兑换窗口，优先满足农户残损币兑换需求，并推行"机器换人"模式，购进零币自助兑换机，全面开通"零币兑换"绿色通道。

农村电商惠民工程。随着浦江葡萄品牌进一步打响，葡萄包装技术升级，如今，"网购"葡萄已经成为当下的新潮流。据统计，2016年，浦江葡萄在网上销售量约60万斤。今年，浦江农商银行与申通快递达成战略合作，以108个"丰收驿站"综合电商服务点为依托，全面构建物流配送网络，助力浦江葡萄走出浦江，"触网"电销。

"自从村里有了一家丰收驿站，平时种植葡萄购买薄膜、化肥直接在网上下单。现在我也跟着年轻人学会微信里接单，早上刚摘下的新鲜葡萄，快递直接上门取货寄出，第二天就送到客户手里，真的很方便！"家住黄宅镇曹街村的葡萄种植户曹德法今年尝到了"网销"的甜头，对家门口的丰收驿站赞不绝口。

便民金融服务工程。以网格化管理为基础构建便民金融服务体系，针对"白天农户下地干活，傍晚农户收工回家"的时间错位问题，推出客户经理"夜访"制度。瞄准葡农等零售商户类客户支付需求，大力推广浙江农信"丰收一码通"智慧移动支付产品，满足农户在日常资金流通中的多元化支付需求。通过上门服务办理，教会葡农"扫一扫"收付款，极大地方便了农户在互联网支付时代的资金结算。

真情帮扶，葡萄藤下诉说创业故事

30年磨一剑，匠心独具，如今，浦江葡萄串串皆精品。一路走来，浦江农商银行真情帮扶了一批批葡萄专业合作社、家庭农场，助力龙头企业做强做大，打响品牌，迈向高端。

"2010年7月份的那场龙卷风，把我的220亩葡萄基地一夜之间夷为平地，当时真的挺伤心的。"回想当初艰辛的创业路，浦江葡萄产业协会会长、浙江浦江金氏农业开发有限公司负责人金士贵打开了话匣子。

"整个葡萄园投资了400万元，我投进了全部的家产。当时跑了好几家银行想申请贷款都屡屡碰壁，因为我们是搞农业的，没有固定资产，也没有担保，借不到钱，也贷不到款。关键时刻，是农商银行伸出援助之手，一下子给我贷了200万元帮我恢复生产，帮我重振事业。可以说，没有农商银行，我就发展不起来。"如今，金士贵的葡萄基地已成为浦江最大的标准化种植基地、精品采摘游基地,每年毛利润能达130万元。

在浦江,还有不计其数同金士贵一样的葡农与浦江农商银行曾经发生或正在发生一幕幕感人故事:浦南街道的陈青松在农商银行的帮扶下,品牌之路越走越宽广,他的靓松家庭农场不仅获得了省精品葡萄金奖,在去年还成为G20峰会专供葡萄,今年7月,陈青松的葡萄首度踏出国门,出口至新加坡;今年"6.24"洪灾中,浦江农商银行迅速成立抗险防汛小组,投入抢险救灾第一线,帮助葡农清理田间淤泥、加固大棚……

如果说,浦江的葡农是一大批敢闯敢拼愿奋斗的葡萄工匠,那么就可以说浦江农商银行等机构是一小批真情服务三农、服务小微的"金融工匠",他们用心雕琢金融服务事业,助力塑造葡萄甜蜜产业金名片,从而让浦江"浦萄"走得更快、更远。

三、河南省宁陵县逻岗农民种植金手指葡萄走上致富路

8月28日,逻岗镇黄老家村黄西征的葡萄园里,正忙着采摘葡萄的农民黄西征夫妇喜上眉梢,昔日飞沙不毛的沙土地上,如今不仅葡萄架成行,而且架下还挂满了晶莹剔透的葡萄,看上去还真像玉美人的手指。

看着成串成串的葡萄,黄西征夫妇脸上露出了舒心的笑容。黄西征告诉记者,因为自己种植的新品种葡萄现在还很少有人种植,所以市场价格高,并且还供不应求。

据黄西征介绍,"金手指"葡萄外观形同手指,是一种新品葡萄,具有皮薄、透亮、脆嫩、含糖量高、口感甜度好等特点,曾两次荣获"中国最甜葡萄状元"的称号。

2015年春,经葡萄专家介绍,黄西征根据当地土壤气候条件,以每株果苗10元的价格,从山东购回"金手指"葡萄种苗300株,栽植了1亩金手指葡萄,第二年,这些葡萄即开始零星试果。由于金手指葡萄品种新奇,独具特色,所以平均售价达到了15元/千克,当年就实现销售收入近万元。种植1亩地葡萄,竟能创出如此高的效益,这让黄西征十分惊喜,于是他信心倍增,一方面,他用剪下的葡萄枝条,嫁接栽植扩大种植面积;另一方面,他积极完善葡萄管理技术,按照无害化生态种植要求,施好农家肥,力争提高产量和品质。

黄西征说,葡萄一般是8月上中旬才能成熟,但刚到6月份自己就接到数十个

电话要求订购，目前已初步达到了葡萄品质好、价格高、畅销的目标。黄西征对发展金手指葡萄种植充满信心，他说自己准备立足宁陵晚秋果树种植专业合作社，带领更多的群众种植葡萄发家致富。

四、安徽肥西：红提葡萄铺起致富路

"哇！好大的红提啊！"时值红提成熟季节，肥西县高店乡平河村的红提园里，面对串串成熟的美国红提，游客们惊奇地叫道。连日来，肥西县高店乡红提正值采摘季，来自合肥、六安等周边地市的数百名游客齐聚在平河社区红提葡萄种植示范园，观红提长廊、品红提美味，体验生态采摘红提葡萄乐趣。

高店红提的种植始于该村农民周胜利。周胜利在浙江学会了种植美国红提技术，2013年回乡发展美国红提种植，今年是第四个年头。目前，该乡和周胜利一样成功种植美国红提的种植户有十余家，种植面积800多亩。与此同时，在农委、科技、质检等相关部门指导下，种植户们因地制宜创新研发了十几个具有当地特点的新葡萄品种，初步形成了一个规模大、辐射广，旅游效益和品牌效益叫得响的红提系列葡萄示范园。

"要说我们能有今天的成功，那都是离不开政府的支持！"红提葡萄园种植农户老沈介绍道。他手指着脚下的路，又进一步说道，为了畅通道路，乡党委政府做出了加宽通往葡萄园道路决定，还为原来不通公路的新办农民红提葡萄专业合作社、种植基地新修了公路，基本打通基地到商超的运输便捷通道，一个多小时新鲜红提葡萄就可上货架，游客的私家车也能开到红提葡萄园内，采摘节才有今天的火爆……

据该乡负责人介绍，"政府搭台、农民唱戏"的红提葡萄采摘节今年已是第二届。今后，高店乡将继续加大开放、创新力度，通过美丽乡村建设工程、农民土地流转项目、农村道路畅通工程和农产品食品安全工程等政策支撑，重点打造农民特色产业品牌，帮助农民实现致富梦。

五、葡萄"串"起致富路

高峰镇王家院村盛产葡萄，早已远近皆知。

每逢八月葡萄成熟时，许多贵阳市民便利用节假日驱车到新区高峰镇王家院村,将一串串亲手采摘的水晶葡萄收入囊中。

今年的葡萄季,王家院村迎来了一批来自远方的客人,他们循着葡萄的香味,从广西一路找到贵安新区。

"这儿的葡萄汁多肉厚,吃味好。"张华带着一家老小,从广西南宁自驾游来到新区,"正好赶上葡萄节,来凑个热闹。"

在葡萄地里,张华一家都很兴奋,老人小孩齐上阵,认真地把一串串葡萄从藤上剪下来装筐。"这是贵安的特产,一定要带回去给亲朋好友尝尝。"张华一口气买了80斤。

今年,贵安新区像张华一样一家人"组团"而来的客人不在少数。

据了解,高峰镇从2004年开始种植葡萄至今,目前种植面积已发展到1万多亩,总产量达到3.2万吨,被誉为"葡萄之乡"。其中,仅王家院村一地的葡萄面积就有8 000多亩。

除了高峰镇,有着近30年葡萄种植历史的马场镇洋塘村的水果种植也是远近闻名。目前,全村4 000多亩的葡萄成为当地农户致富增收的主要途径。

近年来,贵安新区围绕建设国际休闲旅游度假区的旅游发展战略,通过打造"万亩葡萄",发展休闲体验式农业乡村旅游。为实现新区农特产品"泉涌"战略,新区以高峰镇为主导发展葡萄产业,致力绿色生态家园建设,并通过樱花节、草莓节、葡萄节等载体,立体式打造具有高峰特色的农特产品展销渠道,有效促进了乡村旅游产业发展,把葡萄变成了旅游商品,合力推进了农民致富、产业发展和生态建设,全面实施精准扶贫工作。

"高峰镇现在的葡萄还是以水晶葡萄为主,品种比较单一,巨峰、夏黑、白香蕉等品种的规模种植相对较少。"王家院村村支书李斌说,"下一步,我们将计划引进不同月份成熟的葡萄品种,让农户全年都有葡萄可以上市,进一步促进增收。"

六、庄户村:种下葡萄树 结出"致富果"

一大清早起来,迎着初升的太阳,李福生夫妇便从家里出来,绕过一片片稻田,径直朝着自家的葡萄地走去。

"今天,我们得去修枝了。"李福生说。

李福生家的葡萄地就在村子不远处的一条小河边。当天正值芒种节令,李福生种植的夏黑葡萄已经开始泛黑，大串大串地挂在葡萄树上。

"再过 10 多天，葡萄就可以采摘了，在这期间，葡萄生长很快，每天都会有新的枝丫出现。发现这些新的枝丫，就必须全部修剪掉，防止葡萄树的养分流失，影响葡萄果实。"李福生说。

李福生夫妇都是建水县临安镇狗街村委会庄户村村民。李福生说，在葡萄即将成熟的季节，他和妻子每天的工作就是围着葡萄地转。

在李福生家葡萄地的另一边，是一片面积达 6.66 公顷的葡萄地。在这片葡萄地里，村民胡建琼、刘勇和段福德夫妇正在除草、施肥。

和李福生不同，这 4 位村民是来给葡萄种植大户打工的，并且，这片葡萄地的面积是李福生家葡萄地的数十倍。

"这片葡萄地属于村里引进的一位种植大户。在这位种植大户的带动下，庄户村有很多人家都在发展葡萄种植。这不，像李福生家，都已发展到 0.13 公顷了。"段福德说。

作为狗街村委会的一个村，受各种因素的影响，过去庄户村的经济水平一直较低，创收方式单一，且收入不是很稳定。自脱贫攻坚工作开展以来，狗街村委会通过政策扶持、技能培训、引进大户带动等方式，帮助庄户村的群众发展葡萄种植，使一部分困难群众走上了脱贫致富的道路。

葡萄产业的发展，让庄户村一些建档立卡贫困户看到了脱贫的希望。在村里，人们纷纷自谋出路，像李福生这样有胆识的建档立卡贫困户四处筹集资金，自己发展葡萄种植；像胡建琼、刘勇和段福德夫妇这样能力略嫌不足的，就为种植大户打工。总之，在庄户村，所有的建档立卡贫困户都能围着葡萄增加收入。

段福德告诉记者，村里像他这样的建档立卡贫困户，有 100 多人固定在葡萄地里打工。当然，老板用工，也是优先考虑建档立卡贫困户。每天，大家都能有 70 元至 100 元不等的打工收入。

"我们夫妻俩就是长年累月都在葡萄地里打工，没想到，在家门口也能打工并且有了稳定的收入。通过打工，我们已经摘掉了贫困的帽子了。"段福德说。

在狗街村委会，庄户村是一个不小的村子，全村 256 户共 1 055 人。其中，建档立卡贫困户有 23 户 80 人，以前，李福生、胡建琼、刘勇和段福德夫妇都是村里的建档立卡贫困户。

李福生一家 4 口人，2014 年以前，他家就靠种植传统的玉米、红薯维持生活，每年 2 000 多元的收入,让一家人的日子过得捉襟见肘。

"没办法,收入太低,只好让妻子外出去做点小本生意,贴补家用。"李福生说。

2014 年,狗街村委会依托当地土地肥沃平整以及黑龙潭的水利条件,积极在庄户村引导村民发展葡萄产业,也就是在这一年,李福生从传统的种植转型开始了自己的葡萄种植。

"现在,我种植的葡萄,每年都有 1 万多元的收入,因为发展葡萄种植,去年,我也走出了建档立卡贫困户的行列。"李福生说。

李福生告诉记者,他以前没有种过葡萄,村委会专门派了技术人员对自己进行指导,教会自己怎么种葡萄。

李福生说,他的 0.13 公顷葡萄有 1 吨左右的产量,按照今年的市场价格,这 1 吨左右的葡萄,可以为他带来 3 万多元的收入。改种葡萄后,家里的收入提高了,干起活来,心情也不一样了。

太阳渐渐升高的时候,李福生夫妇的工作也告一段落了。

这时,李福生又盼咐妻子把葡萄地旁边堆放的塑料管整理好,他要给葡萄树喷施叶面肥。一切准备就绪后,妻子就跟在李福生的后面,随着李福生行进的步伐,将塑料管一截截拉进葡萄地,而李福生则手握喷头,使塑料管输送过来的液体均匀地喷洒在浓绿的葡萄叶上。期间,李福生会时不时地停止喷洒,或弯下腰,或干脆蹲下去,轻轻地捧起一串果实饱满的葡萄仔细端详,脸上满是期待的表情。

"种了这几年的葡萄,我们一家人已经脱贫了。"李福生说,"现在,不仅生活改善了,还有了一定的存款,我和老婆有一个打算,等收完了今年的葡萄,明年,我们家就盖新房。"

据狗街村委会副主任钮绍富介绍,目前,整个庄户村的葡萄产业已经发展到了20 多公顷。葡萄产业的发展,对庄户村的脱贫攻坚工作起到了积极的推动作用,全村已有 10 户 37 人先后脱贫摘帽,日子越过越红火。

七、葡萄铺就致富路,美酒酿出甜蜜梦!

盛夏八月,骄阳似火。走进河南省孟津县平乐镇千度红葡萄园,一个个标准化的种植大棚里,一串串紫红色的葡萄晶莹剔透。在挂满果实的藤蔓下,游客们有的在采摘葡萄,有的在品尝美味,有的在拍照发微信朋友圈……

近年,孟津县依托当地丰富的自然资源优势,秉承"绿色环保、生态有机"理念,以现代农业标准发展葡萄产业,以工业化模式壮大葡萄产业,从第三产业视角延伸葡萄产业,小小的葡萄如今已催生出集种植、酿造、旅游等多种业态于一体的复合型产业体系,成为孟津推动三大产业互动、融合发展的成功实践。

眼下,正值早熟葡萄采摘期,连片的种植园里,各色葡萄成串挂满枝头,正在专用透明袋里"享受清凉"。这些葡萄亮的如珍珠,绿的似翡翠,红的若宝石……游客坐在颇具欧式风情的葡萄酒庄里,品味现代化的酿造红酒,感受别样的异域文化……轻轻摇动手里杯中殷红的葡萄酒,单是那缕缕幽香就把酷暑驱赶得无影无踪。

平乐镇积极鼓励和扶持当地种植大户、返乡农民,政府采取"公司连基地、基地带农户"的经营模式,抢抓市场机遇,发展"短、平、快"特色葡萄产业,让有机葡萄搭上"旅游快车",让小葡萄成为串起乡村旅游发展和农民增收致富的大产业。

截至 2013 年,该镇返乡农民王保亭创建的千度红葡萄园已累计完成投资 3 600 万元,建起钢结构连栋葡萄温室大棚 5 600 平方米,葡萄酒加工车间、葡萄酒展馆 500 平方米,地下葡萄酒储藏窖 130 平方米。同时,该园还配套有休闲观光道路、标准化停车场、高档旅游公厕等设施,园内葡萄种植面积 420 亩,成为高品质的公园式采摘观光体验园。

"我们先后引进美人指、金手指、玫瑰香等 10 多个高端品种,经过 3 年多的科学培育和精心管理,现在园内葡萄已全部进入盛果期。"千度红葡萄园内负责人王建生说。眼下,葡萄园内的优质有机葡萄相继成熟,由于采用大棚封闭式种植要比露天种植早上市 20 天,且品质有保证,所以虽然价格较高,但每到双休日仍会吸引成百上千的游客来这里游玩,购买葡萄,生意十分火爆。

"园里的葡萄全部实行有机种植,肥料用的是含磷量较高的农家肥,灌溉用的是 380 米深井里的水,防尘用的是钢结构塑料大棚。整个生长期都不使用化肥、农药和生长调节剂等化学物质。"王建生说。据了解,葡萄园里的每个大棚、每行每株葡萄都有编号,有对应数据存入计算机,实行"籽粒化"管理,以确保管理到位,便于质量追溯。

同时,千度红葡萄园还引进先进技术和现代加工设备,建起了高档次的葡萄酒庄。这一举措既延伸了葡萄产业链,又带动了周边近百名村民就业,其葡萄及葡萄酒已获得有机农产品认证。今年预计可采摘葡萄 15 万千克,年可产红葡萄酒 2.5 万千克,其中精品白兰地 0.25 万千克,综合收入预计 300 万元左右。

据悉,为做大做强有机葡萄产业,该县林业部门专门组织专家定期深入乡村开展技术培训,指导种植户改良土壤,推行科学管理和有机种植,保障了葡萄的产量和品质。全县先后涌现出枫丹白露、卓安农场、龙熙花田等 17 个百亩以上的高端葡萄种植园区,面积达 5 000 亩。每逢葡萄成熟季节,前来采摘、品尝的游客络绎不绝。

八、农民刘萍的葡萄致富人生

第一次见到葡萄庄园,她就为其中花花绿绿的葡萄所痴迷;自己种植葡萄富裕后,她不忘带领乡亲一起致富。她就是武汉紫云庄生态农业公司总经理刘萍。

刘萍出生于湖北潜江。20 世纪 80 年代,高考落榜的刘萍在亲友邀请下,远赴新疆游玩散心。刘萍回忆说,亲友在新疆种植葡萄,第一次在偌大的葡萄园中见到那么多五颜六色的葡萄,让她大开眼界。"我从未见过这么多的葡萄,当时感觉很神奇。"刘萍在葡萄园中一连待了几天,不忍离去,"一定要学会种植葡萄"的念头在她心底油然萌生。

于是,刘萍留在亲友家,一边帮忙,一边学习种葡萄。虽然当地夏日酷热、冬日寒冷让这个南方姑娘难以适应,但刘萍咬紧牙关坚持了下来。从葡萄幼苗种植到培土施肥、从嫁接到修剪、从截留花芽到疏花疏果乃至葡萄成熟后包装上市等一套完整的流程,刘萍都悉心学习。几年后,刘萍已基本掌握了葡萄的种植、销售、管理等知识,她决定回家乡发展,让家乡人民也能尝一尝自己种的葡萄。

回到家乡潜江周矶,刘萍开始试种 10 亩夏黑葡萄。经过一段时间悉心劳作,试种一举成功。之后刘萍又滚动发展种植多个葡萄品种,面积达到 100 亩。一时间,刘萍的葡萄园产销两旺,在家乡小有名气。

由于受地域限制,刘萍的葡萄园一直没有大的发展。后来,在一次外出学习途径武汉时,刘萍打听到蔡甸区洪北乡土地资源丰富。十分有利葡萄生长,她于是动员丈夫到异地发展。2011 年秋,刘萍一家来到洪北老河村安家落户,当年一次性流转土地 700 亩,种植美国红提、金手指、红巴拉多、黑色玫瑰等 10 多个葡萄品种。在这里,刘萍预制水泥葡萄柱,建起大棚,先后投入资金 1 000 多万元。

一年后,刘萍的避雨式葡萄基地建成。2013 年 7 月,葡萄园开始挂果上市,亩平均收入 8 000 多元,经济效益可观。在当地政府的支持下,刘萍决定打造葡萄品种种植示范基地,她成立了洪果秀葡萄专业合作社,不断引进新品种,提高葡萄的产量和质量。2013 年刘萍又投入 1 000 多万元,流转土地 800 亩,发展种植维多利亚、温克、香玉等 10 多个新品种。千亩基地建成后,刘萍注册成立了武汉紫云庄生态农业有限公司,成了远近有名的"葡萄大王"。

"有技术大家一起学,有钱大家一起挣。"富裕后的刘萍不忘带动乡亲一起致富。刘萍规定,土地流转后的农民优先进她的葡萄园打工,伤残者也可根据情况安排在葡萄园就业。目前,刘萍的葡萄园常年吸纳打工农民不低于 100 人,这些工人还有最低工资保证。

老河村妇女辜汉恩、王会红、尹彩娥家境较困难,她们想种葡萄但没有钱,又羞于开口求助。刘萍得知这一情况后,主动为她们担保贷款,提供技术帮助使三户人家各建起了 10 亩葡萄园,刘萍还负责这三户葡萄的供销。有了葡萄园的收入,辜汉恩等三户人家的经济收入大为改观。

看到种植葡萄收入不错,老河村妇女纷纷加入到种植葡萄队伍中来。很多外出打工的妇女也留在家里,学习种植葡萄。现在,老河村葡萄种植面积有 3 600 多亩,成了葡萄专业村。刘萍的葡萄合作社网罗农户 30 多家,社员 80 多人,年产值 4 000 多万元,亩均收入达万元。

刘萍的葡萄产业基地建成后,吸引了众多武汉市民乃至省内外游客前来旅游观光。为此,刘萍又延伸葡萄产业链,投入设备加工生产葡萄酒,增加葡萄产品附加值。近两年,刘萍的紫云庄生态农业有限公司开辟了千亩葡萄观光采摘园,建成了 2 000 多平方米的多功能休闲场所,成功举办了两届葡萄采摘节,年接待游客 5 万多人。

九、葡萄种植大户"串起"致富路

5 月 9 日,贵州省紫云自治县达帮乡葡萄种植大户韦志华像往常一样,起床洗漱吃完早饭后就到自家的葡萄基地去了。葡萄园里种植的第一批葡萄已经挂满了果,韦志华托起一串挂满果的葡萄枝丫,数了数幼果,想着今年或将迎来一个葡萄丰收季,他的脸上露出了丝丝笑容。

今年 37 岁的韦志华是紫云自治县宗地乡德照村人,2013 年他辞去稳定工作,到达帮乡发展葡萄产业。现在,他的葡萄园已发展到 1 100 亩。虽然发展葡萄产业初期受资金、技术等诸多因素的困扰,但韦志华坚持了下来。未来,韦志华希望在用自己的智慧和劳动获取利益的同时,能实现带动一方百姓脱贫致富的梦想。

"葡萄产业虽然投入大,但见效快。"韦志华介绍说,每亩地可种植葡萄苗40株,搭葡萄架需要水泥杆50根、钢丝500斤,这些基本成本需近7 000元。不过,达帮乡的气候、土壤等条件适合葡萄的生长,这里种植的葡萄2年挂果,3年进入丰产期,见效较快。

2013年,韦志华经实地考察后,认为达帮葡萄具有发展前景,便通过土地流转,当年在纳座村种植了45亩葡萄。2014年,韦志华见上一年种植的葡萄长势较好,又流转并种植了200余亩葡萄。到2015年,他第一年种植的葡萄挂果了,增强了自信心的韦志华一鼓作气,又种植了370多亩。三年的时间,韦志华共种植了千余亩葡萄,通过银行贷款和自筹资金等方式共投入资金630余万元。

"从农村来,到农村去,做自己喜欢做的事情。"韦志华说,他决定规模化种植葡萄之初,因投入大、风险大,一度遭到家人和朋友的反对。直到2015年,他带着家人和朋友到自己的葡萄基地看了后,家人和朋友见种植的葡萄长势喜人,且第一批葡萄已进入丰产期,不但不反对他种植葡萄,反而支持他种植葡萄了。

韦志华在发展葡萄产业的同时,还给当地村民带来了实惠,他种植葡萄的土地,大多是荒野的坡耕地,村民把这些以前没有多少收成的土地流转给韦志华后,不仅可以获得土地流转费,还能在葡萄基地做工增加收入。"种植葡萄的土地是分三种方式流转过来的。"韦志华说,一是他们(种植大户)直接从土地承包的村民手中流转土地;二是乡政府按照产业发展规划统一从村民手中把土地流转过来,然后交给种植大户;三是以农户入股的形式得到土地,即"公司+农户+基地+合作社(或种植大户)",这种方式下,农户除可以得到见效后的分红外,还可通过在基地做工来增加收入,让农户得到更多的实惠。

为让葡萄产业规模健康发展,韦志华还带头组建了三支专业队伍,一是专业三严防队伍,即防症、防灾、防旱;二是基地建设队伍,即鼓励和支持村民发展葡萄产业;三是专业劳作队伍,即种植、抹芽、施肥等。

在韦志华等种植大户的带动下,短短几年时间,达帮乡的紫葡萄已经发展到近5万亩,并成为省级高效农业示范园。随着紫云葡萄产业发展如火如荼,为促进葡萄产业健康持续发展,紫云成立了葡萄产业商会,韦志华被推选为第一任会长。

随着葡萄产业逐渐进入丰产期,因鲜果利润相对低、受生产局限的制约等,同时也为让葡萄形成"接二连三"的产业链,韦志华与合作伙伴建起了深加工作坊,生产格凸红葡萄酒。

"因葡萄品质好,所以加工出来的格凸红葡萄酒味美,去年加工出来的3万斤葡萄酒早就销售完了。"韦志华说,今年,他们准备加工10万斤葡萄酒,并想逐步扩大生产。下一步,他将在葡萄基地建一个酒庄,让葡萄产业形成一个集葡萄鲜果、深加工、酒庄等多元于一体的产业链。

十、葡萄再加工让吐鲁番农民致富

在新疆吐鲁番,到底是大自然成就了葡萄,还是人民创造了葡萄,猛地提出这个问题,许多人还不能快速作出答复。在这里,葡萄既是食物又是符号,各有各的价值。食物和符号到底哪个价值大,许多人也难以不假思索作出答复。

吐鲁番与葡萄是连在一起的,仿佛只要一触及葡萄就拨动了吐鲁番的心弦。吐鲁番是一片火洲,夏日的最高气温能达到48 ℃以上。这种酷热是什么概念?飞鸟不敢在高空飞翔,都躲在葡萄架下乘凉,嘴巴一张一张的,仿佛就要在酷热中结束生命;老鼠在洞里眼巴巴地望着落地的葡萄粒却不敢钻出来;中午纵横交错的马路上几乎看不到一个人影,人们都躲在自己的家里等候骄阳偏西。吐鲁番有十八怪,其中一怪就是门窗用被子捂起来:夏天高温时,别的地方需要开窗通风,可在吐鲁番却不行。这里人们不仅要把门窗关好,还需要用被子捂住,否则热浪冲进来,人就难以招架。

火洲吐鲁番,是不宜居住的。到底是否是因为有了葡萄才把人固定在这一片土地上,这还需要史学家的考证。

吐鲁番种植葡萄的历史起源于何年何月至今仍没有得到最后的考证。在吐鲁番葡萄沟一直流传着这样一个故事:一位圣人从印度取经回来途经吐鲁番,在一条河边边喝水边吃从印度带回来的葡萄。这位圣人吃葡萄时掉下来的葡萄籽留在了河边生根发芽慢慢长大成葡萄林,葡萄沟就是这么形成的。这个故事流传得很广,有许多种版本,可基本内容都相同。

从阿斯塔纳古墓出土的葡萄藤经过科学鉴证,表明它有1 500年的历史。据史书记载:公元前119年张骞出使西域时就带来了西域葡萄。汉语中的"葡萄"一词也是翻译而来的。

记者在吐鲁番葡萄沟与种植葡萄的农民聊天时得知,这里的农民几乎一生与葡萄结缘:六七岁时,就手提篮筐帮忙装葡萄;大一点时女孩子摘葡萄,男孩子运葡萄到晾房;再大一点的时候就要冬天里埋葡萄,春天里给葡萄开墩上架。葡萄可以酿酒,葡萄可以当菜,葡萄可以当水果,葡萄可以当饮料,葡萄还可以当药品……葡萄与吐鲁番人的生活水乳交融,吐鲁番姑娘的脸上有葡萄的秀色,吐鲁番人的性格中有葡萄的温馨,葡萄在当地人的脑海中有着最美好的形象。

以前,吐鲁番葡农都是小规模种植葡萄,院前院后种上几株或几亩地葡萄。葡萄熟了,亲戚朋友都来吃,走的时候再带上一些,葡萄成了互相赠送的礼品。当时虽也有少量葡萄流入市场,但最远也只到乌鲁木齐。那时去乌鲁木齐卖葡萄是冒风险的行程,要经过 15 千米风区、经过甘沟、经过达坂城,随时都有八级以上的大风,能把人吹翻,从吐鲁番到乌鲁木齐 180 多千米的路程要走整整 7 天 7 夜;运输工具只有毛驴车,风餐露宿,一不小心葡萄都会烂掉。维吾尔族有一个习惯,路上如果吃西瓜会把西瓜从中间切开,瓜瓤吃完了就把瓜皮倒扣放到地上,后面到来的人如果没有水就可以咬一咬瓜皮解渴来维持生命。那时到乌鲁木齐卖葡萄的人经常啃瓜皮补充水分。

那时,在吐鲁番的人家里都有个大院子,四周有用泥夯成的高墙,像蜂窝似的筑养许多鸽窝,养着许多鸽子。每天早晚会有成百上千羽鸽子一起飞上天空,吐鲁番人便以这些鸽子的粪做葡萄肥料,这些鸽子哺育了葡萄的生命。那时葡萄全是自然态,人工痕迹很少,所以千百年过去了也只有 30 多种葡萄,其中最有名的就是马奶子、玻璃翠等。

改革开放以后,吐鲁番葡萄有了大发展的局面。1992 年有 10 多万亩,2 000年全地区有 35 万亩,2008 年 45.7 万亩, 且 2007 年葡萄的总产量就达到了 75 万吨。现在,在从吐鲁番到鄯善的路上,葡萄连片成海,这一片绿色的海,令人心旷神怡。满山遍野的晾房蔚为壮观。可惜它们还未编入旅游景点。

从前,吐鲁番是封闭的世界,外部信息很少传进来,以为天下只有新疆有葡萄。改革开放以后,吐鲁番人的视域开阔了,知道了世界种植葡萄的地方很多,出色的品种也很多。新疆的专家先后到美国、法国、德国、意大利、日本等国去观摩。世界各地种葡萄的信息从各种渠道传到了吐鲁番。信息是一面镜子,一下子照出了自己的不足。以后,吐鲁番人树立起了一个新观念,葡萄不是靠自然生长的,葡萄还得靠人的智慧来塑造。从靠自然生长到靠人工创造,这是一个大转变,吐鲁番葡萄由此揭开了新的历史篇章。

据吐鲁番农业局副局长刘卫东介绍,现在吐鲁番的葡萄已经发展到了 600 多种。世界上大部分优良的品种今天都能在吐鲁番地区展现自己的倩影。

吐鲁番有两个有名的种植专家。一个是种植瓜的专家吴明珠，一个是种植葡萄的王慧珠。这两个女性分别为种植瓜和葡萄奉献了自己的青春。其中，种葡萄的王慧珠的家里种了许多不同品种的葡萄，记者在她家还吃到了一种从俄罗斯引进的葡萄，非常美味。

吐鲁番的葡萄主要包括两种：一种指鲜食的葡萄，一种指的是葡萄干。葡萄干的名声比鲜食葡萄还要大。从前的葡萄干杂质多、形状小，现在的葡萄干最大的长度能达到4厘米。质量好的无核葡萄干都卖到30多元1千克。现在吐鲁番葡萄干的名声越做越大，从国内传到了国外，远销到东南亚、菲律宾，甚至销到埃及、土耳其。每到葡萄干上市季节，客商纷至沓来。

吐鲁番葡萄的形状变了、口感变了、色泽变了、质地变了、用途也变了，这一系列的变都是人的智慧物化的结果 。从前葡萄只有一个造物主——大自然，现在又多了一个造物主——人。人不是即成的是生成的，现在，吐鲁番的葡萄也染上人的品位，也成了生成的，正在按照人的愿望不断地改变着。

今天，吐鲁番人在葡萄符号和实物两方面投入智慧，他们给葡萄登广告、出书、编画册、制作专题片、举行葡萄节、举办论坛……给"吐鲁番葡萄"这个符号造声、造势，使这个符号的文化内涵更丰富，知名度更大。符号与实物是名与实的关系，现在的吐鲁番葡萄既扩大了符号的文化内涵，又增加了实物的科学内涵。双管齐下，未来，吐鲁番地区很有可能成为"中国葡萄之都"。

十一、葡萄套袋"套"出致富新天地

家家有葡萄，户户忙致富

近日，临山镇兰海村的农户都在郁郁葱葱、挂满果实的葡萄园里忙碌着：除抓紧为第二届余姚（临山）葡萄节做好准备外，还忙着与前来洽谈购销业务的客商签订"订单"，计划套袋的3 000多亩葡萄有了"婆家"。

兰海村共有820家农户，除个别无劳动力户外，几乎家家种有葡萄。近几年，村两委立足本村实际，围绕建设葡萄专业村，带领群众共同致富这一目标，一手抓套袋技术的推广，着力提高葡萄质量；一手抓系列化服务，努力做大做强葡萄这一支柱产业。2005年，全村葡萄套袋180万个，总产560多万千克，平均每亩纯收入5 000余元。

困境中寻找致富突破口

葡萄作为兰海村的主导产业之一,曾经给这里的农民带来丰厚的回报,这里的农民60%的经济收入来自葡萄。但有那么一段时间,随着发展,尤其多数新种植户的葡萄陆续进入盛果期,老种植户的葡萄逐渐丧失了竞争优势。正当他们愁眉不展的时候,2002年,宁波市林业局果树站从新疆引进国内外先进的葡萄套袋技术,安排在兰海村试验示范,试验结果给村民带来了意想不到的惊喜:套袋葡萄病虫害少、质量好,一些客商慕名而来,将套袋葡萄以每千克5元的价格全部包销,初步估算,每亩套袋的葡萄收入可达5 000元。村党支部、村委会一班人意识到,发展葡萄套袋将是解决全村葡萄卖难的好办法。于是他们趁热打铁,推行发展套袋葡萄,短短几年时间,套袋葡萄便形成了规模。

套袋技术的推广应用,使兰海村葡萄质量得到了明显提高,优质高档果品率达90%以上。2003年,该村的果园被首批命名为"宁波市无公害葡萄生产基地"。2007年,宁波市国外葡萄引种中心、味香园葡萄研究所在该村挂牌成立。

系列化服务求得大发展

随着生产规模的不断扩大,群众最需要的就是服务。给农民搞好服务,解决好一家一户办不好、办不了的事情,成了兰海村两委干部的一项主要任务。

在技术服务上,他们一方面定期请专家、教授来村传授技术,进行现场指导,另一方面村里成立了以味香园葡萄专业合作社为龙头、科技示范户为纽带、种植农户为基础的科技推广体系,按季节举办科技培训班,告诉种植户及时对葡萄进行培育管理,使村民心里有了底。

在农资服务上,味香园专业合作社设立了农资服务部,指定专人具体负责从正规渠道购进全村果园管理所需要的农资,并按进价供应到户,既避免了农户因辨别能力差而受假劣农资坑害之苦,又解除了农户的后顾之忧,使他们能够全身心地投入生产和经营;在销售服务上,除每年在葡萄销售季节以味香园葡萄专业合作社名义邀请销售大户到村里看样订货外,还通过余姚(临山)葡萄网、农民信箱等网络平台吸引八方客户。销售旺季,最多的时候村里一天可有40多个客户。

村民富裕了,村集体经济壮大了,村两委的目标更加明确了,他们除继续推广葡萄套袋生产技术,今年实现全村葡萄全部套上袋外,又新发展了葡萄500亩,实现早、中、晚熟品种合理搭配,农民常年有果卖,消费者常年有鲜果吃,农民常年有收入,使兰海村真正成为葡萄专业村。

参 考 文 献

[1] 翟秋喜,魏丽红.葡萄高效栽培[M].北京:机械工业出版社,2016.

[2] 昌云军,张书辉.葡萄无风险栽培技术[M].北京:中国农业大学出版社,2012.

[3] 于景华,李欣.良种葡萄高效栽培技术[M].北京:科学技术文献出版社,2011.

[4] 陈敬谊.葡萄优质丰产栽培实用技术[M].北京:化学工业出版社,2016.

[5] 查永成.葡萄栽培新技术[M].杭州:杭州出版社,2013.

[6] 晁无疾,张立功,赵雅梅.葡萄优质安全栽培技术[M].北京:中国农业出版社,2013.

[7] 张金云.鲜食葡萄优质高效栽培新技术[M].合肥:安徽科学技术出版社,2015.

[8] 周军,陆爱华.葡萄优质高效栽培技术[M].南京:江苏科学技术出版社,2012.

[9] 徐卫东.图文精讲葡萄栽培技术[M].南京:江苏科学技术出版社,2011.